# 加油，别轻易放弃

罗蔓◎编著



中国纺织出版社有限公司

# 内 容 提 要

每个青少年，在成长的人生路上，都会遇到种种挫折，但唯有不抛弃、不放弃，坚持下来，接受心灵的成长与引导，才能找到努力的方向，才不会迷失自我，才能成就自己的一生。

本书是青少年心灵成长读物，立足于引导青少年朋友从小树立梦想，并在为梦想奋斗的过程中坚持不懈地努力，进而实现精彩且无悔的人生。相信本书能对广大成长中的青少年朋友有所启迪。


**图书在版编目（CIP）数据**

加油，别轻易放弃 / 罗蔓编著. --北京：中国纺织出版社有限公司，2021.3

ISBN 978-7-5180-8139-4

Ⅰ. ①加… Ⅱ. ①罗… Ⅲ. ①成功心理—青少年读物 Ⅳ. ①B848.4-49

中国版本图书馆CIP数据核字（2020）第211427号

责任编辑：李凤琴　　责任校对：江思飞　　责任印制：储志伟

中国纺织出版社有限公司出版发行

地址：北京市朝阳区百子湾东里A407号楼　邮政编码：100124

销售电话：010—67004422　传真：010—87155801

http://www.c-textilep.com

中国纺织出版社天猫旗舰店

官方微博http://weibo.com/2119887771

三河市宏盛印务有限公司印刷　各地新华书店经销

2021年3月第1版第1次印刷

开本：880×1230　1/32　印张：6

字数：91千字　定价：39.80元

# 前言

人人都向往成功，人人都有梦想，实现梦想，意味着拥有精彩的人生，对于成长中的青少年来说更是如此；青少年阶段是为梦想积蓄力量和拼搏的年纪，但实现梦想的过程是艰辛的、痛苦的，甚至充满了艰难险阻，但我们知道，唯有坚持下去、决不放弃，才有可能摘得成功的果实。因此，青少年朋友练就强大的心理与不放弃的意志力就显得尤为重要。

有人说："英雄征服世界，圣贤却征服自己。"这是中国传统文化精神。征服世界容易，只要把自己的理想建立在打败别人上，这又有什么困难呢？难道我们不是一直在潜意识里想着和别人一比高下，打败对手吗？意识中想要做的事，是无论怎样困难，也非常容易的。征服自己却不是那么容易的事。明明自己不喜欢做的事，非要逼着自己去做，明明觉得自己做不到的事，还要勉强自己努力去做到，这样的事情是难以做到的。

事实上，我们不难发现，那些成功者都有不同的成功经历和对成功的独特理解，但他们都曾经历过心灵淬炼和洗涤，都曾经历心灵的涅槃之痛，并从中受到启发。如此，他们的成功道路就会更顺畅。

对于成长中的青少年来说，固然要努力学习、提升能力，但更要培养情商、增强面对困难的勇气、信心，让自己在成长的道路上更独立、自信，做到决不放弃。

生活中的孩子们，也许你也需要一点启发，一点星光，《加油，别轻易放弃》就是这样一本书，这是一本帮你重启心灵之门的智慧之书，本书会告诉你，真正幸福、成功的人生来自对梦想的执着、来自一颗强大的心灵，帮助我们找到让心灵归位的方法，让我们都能变得强大，能更好地去应对这个世界。

当然，本书并不能让你的内心坚不可摧，但是它足以帮助你更加了解自己的内心，并掌握面对困境的方法，做到坚持到底，同时找到突破困境的方法。生活中仍然会有很多让我们恐惧的事物，但即使这样，我们也可以不对这个世界投降，因为勇者无畏。

编著者

2020年8月

# 目录


第一章　别轻易放弃，青少年要勇敢开拓自己的人生路 // 001

勇敢点，靠自己走出人生路 // 002

努力向前，为梦想奋力一搏 // 005

掌控自己的人生，牢牢抓住命运的缰绳 // 006

拥有梦想，也要付诸行动 // 009

一路向前，燃烧你的青春 // 011

心中有梦想，就有无人能挡的路 // 014

第二章　遭遇磨难时披荆斩棘，少年你终成强者 // 017

砥砺前行，要有迎难而上的意志力 // 018

人生道路中的磨难，也是淬炼每个少年的机会 // 020

厄运来临，敢于扼住命运的咽喉 // 024

绝不能被打倒，坚强地面对未来的一切 // 027

勇者无畏，绝不能缺勇气 // 029

将开启成功的钥匙永远掌握在自己手中 // 031

第三章　做勇敢少年，你的心是所有能量的来源 // 033

真正的强大，是内心强大 // 034

坚韧不拔，要付出长久的坚持和持续的努力 // 036

拒绝畏畏缩缩，要敢于冒险 // 039

克服怯懦，勇敢应该是青春的代名词 // 042

内心畏惧、自卑的时候，更要征服自己 // 045

**第四章 勤能补拙，青少年要保持勤奋和努力才能成才 // 047**

勤能补拙，世界上没有什么可以不劳而获 // 048
在学习中不断地努力付出，才有可能有所成就 // 051
辛勤努力，是走向成功的基本条件 // 054
要懂“唯有埋头，才能出头”的道理 // 056
戒除懒惰，要让人生动起来 // 060

**第五章 克己慎独，青少年要懂得自律才能主宰人生 // 065**

克己慎独，拥有超强的自制力 // 066
珍惜宝贵的时光，才能够创造人生的价值 // 069
自律的第一步，就是控制自己的欲望 // 072
容易冲动，就容易做出让自己追悔莫及的事情 // 074
坚守自己的岗位，要有热忱的态度 // 077
专心做好一件事，就能有所收益 // 079

**第六章 打破常规，青少年要拥有创新意识 // 083**

换个思路，你会豁然开朗 // 084
善于创新，让学习事半功倍 // 086
思路活跃，早晚找到人生出路 // 088
换个角度思考，发现新的出路 // 092
遇到困难和变化时，思维一变天地宽 // 094
有什么样的想法，就会有什么样的命运 // 097

**第七章　越努力越幸运，青少年就是要比别人多努力一点 // 101**

经历命运的打磨，绝不因挫折而倒下 // 102

在社会的浪潮中，踏实努力才能闯出一片天 // 104

努力拼搏，要懂得越努力越幸运的道理 // 108

经历过折磨的痛苦，才能体会到获得的喜悦 // 111

只有努力，才能得到整个世界的瞩目 // 114

**第八章　每个青少年都要相信自己，其实你很优秀 // 117**

欣赏自己，别妄自菲薄 // 118

自信，是成功的基石 // 120

相信自己，你很棒 // 122

无论遭遇了什么样的挫折，都不要随意地否定自己 // 124

始终相信自己，告诉自己“我能行” // 126

放下自卑，学着欣赏自己 // 129

**第九章　信念是一种力量，青少年要坚信自己的梦想 // 133**

你，正如你所思 // 134

少年心中有信念，就有巨大的力量 // 136

坚守信念，任何时候都要相信自己 // 139

一步一个脚印，要踏踏实实地坚守自己的位置 // 141

坚持目标，为自己奋斗 // 144

只要你不放弃，你就能成为最坚强的自己 // 146

**第十章　有梦想，也要建立在脚踏实地去实现的基础上　// 149**

梦想不是幻想，需要付诸行动　// 150

有远见，更要有行动　// 153

敢作敢为，不要畏首畏尾　// 156

马上行动，不可让拖延症拖垮自己　// 158

**第十一章　自我提升，青少年要在不断挑战中提升自己的价值　// 163**

找到自己的长处，并将其经营成自己的优势　// 164

孕育一颗成功的种子，等其长成参天大树　// 166

不断成长和充实自己，成就自我　// 169

发现自身的能力，实现自己的价值　// 175

不断挑战自己，人生最精彩的部分永远是在未来　// 179

**参考文献　// 183**

# 第一章

# 别轻易放弃，青少年要勇敢开拓自己的人生路

## 勇敢点，靠自己走出人生路

提起高然，很多人都觉得他是一个传奇。正如他自己的名字一样，高然在人生之中始终揣着热情的梦想，也以此点燃自己所有的激情。正是因为这样的努力，高然才会年纪轻轻就有上亿身价，才能在互联网行业上为自己赢得一席之地。原本，高然的人生应该和大多数高考落榜的孩子一样平淡无奇。高考落榜后，高然不愿意留在家里愁眉苦脸，当即就背起行囊去了遥远的深圳。天资聪颖的他表现出色，才过了半年，就被提升为中层管理者，每个月的月薪高达五千元。对于当时才十七岁的高然而言，这样的薪水当然是很高的，但是高然有着远大的梦想，不想因此就禁锢自己的一生。为此，没过多久他就辞掉工作，回到学校继续参加高考。这一次，他取得了很优异的成绩，进入了梦寐以求的高等学府——清华大学。

大学毕业后，生性好动也勇于挑战自己的高然进入一家报社，成为一名记者。此后，他对每一个采访任务都非常重视，也特别认真。凭着拼命三郎的精神，也凭着对于工作的积极主动，他把记者的工作做得风生水起，很快就在行业内小有名气。后来，高然不甘于当一名记者，因而决定下海经商。他拿着自己在几个月的时间里呕心沥血才完成的商业计划书四处拉赞助，却没有结果。一个偶然的机会，高然在参加科技博览会的时候认识了蒋锡培。蒋锡培对于高然的印象非常好，原本计划给高然的项目投资一千万元，结果遭到董事会的反对。出于对高然的信任，蒋锡培以个人名义为高然投资一百万元，这一百万是高然下海之后得到的第一笔风险投资。正是凭着这一百万元，高然让自己的人生腾飞了。才短短的两年时间里，他就创办了直播网络媒体，身家过亿。不得不说，高然的成功得益于自己的果敢和热情，如果没有这样的魄力，高然便不会放弃高薪岗位考上大学，也不能在大学毕业后创业成功，成为资产过亿的企业家。

人人都想拥有璀璨辉煌的人生，然而如果只把自己装在盒子里，不能勇敢地面对人生，也不能无畏地迈出人生中通往成功的第一步，则一切的金点子都会变成毫无意义的空想，也根本不可能给人生带来更多的收获和更美好的未来。事例中的高然正是以热情和激情点燃了人生，所以才能如同飞一般在人生的道路上前进，也以真正的实力为自己代言，成功地攀登上人生的巅峰。

现实生活中，未雨绸缪当然是好的，但是有很多人总是表现出过度小心，这样一来也就变成了杞人忧天，除了束缚自己的手脚之外，对于解决问题没有任何好处。实际上，人生固然需要小心翼翼、谨慎行事，然而过分小心却要不得。这是因为过分小心的人总是束手束脚，无法在人生中有更加果断的抉择，特别是在面对两难的选择时，他们往往止步不前，根本不可能真正把握人生的机会。人生的道路，需要大胆地往前走，这是因为人生的每一步都既有风险，也有成功的可能。在这种情况下，若总是束手束脚，为了逃避承担失败的后果，那么就可能连成功的机会也放弃了，不得不说这是因噎废食，也会让人生止步不前，甚至完全倒退。

人生的路总是需要勇敢和坚定不移的情感，这是因为人生并非都是平顺的道路，而有可能遭遇各种坎坷挫折。尤其是在生命的关键时刻，更有可能面临巨大的风险，需要攀登高峰，才能获得胜利。到底是因为畏惧困难而退缩，还是迎难而上，这看起来是一时的选择，实际上是由人生态度决定的，也会对一生起到至关重要的影响作用。孩子一定要从小培养勇敢向前的好习惯，才能在人生的道路上勇往直前，在未来获得更多的收获，拥有更多的心得感悟与深刻体会。

少年们，面对人生，一个始终退缩不前的人，和一个始终勇敢主动、积极向上的人相比，得到的结果也必然不同。每个人在人生的道路上都要勇敢地去尝试，才能走出属于自己的路。如果因为胆怯总是止步不前，为自己找各种各样的借口逃避责任，这样的人生也许可以平安无忧，但是却很难做出令人瞩目的成就和突出的成果。有人说心态决定人生，实际上这句话是很有道理的。作为孩子，我们一定要拥有积极的心态，要昂扬向上的态度面对人生，才能不断地在人生中有所收获，才能在人生的道路上走得更好、更远。

# 努力向前，为梦想奋力一搏

美国著名作家杜鲁门·卡波特说：“梦想是心灵的思想，是我们的秘密真情。”梦想对于每个人来说，有一种巨大的魔力，能够不断地召唤着我们前进。无论自己的梦想多么模糊，不管自己心中的梦想多么不可思议，我们都要听从它的召唤，紧紧跟随着它，坚持不懈地走下去，那么，梦想就会变成现实。因此，如果我们想要成就自己的梦想，那就要努力向前，奋起一搏。

伊丽莎白并不是哈佛毕业生中最出色的一位，也不具有非凡的才能，人们对她的敬佩，不是因为她年纪老迈，而是源自她勇敢尝试，始终坚持的毅力和决心。这一天，身穿毕业生礼服、头戴黑色学士帽的伊丽莎白·麦克尼尔从哈佛校长手中接过毕业证书，在获得文科学士学位的同时，她还被颁发了一个表彰其学术成就和品德的奖项。

伊丽莎白早在1941年就高中毕业了，之后，她陆续生了4个孩子。26年前，她成为哈佛大学健康服务部门的员工。哈佛的学术氛围令她对学习产生了很大的兴趣，于是几年后，她开始尝试在哈佛“蹭课”。

但是在这之后的很多年里，她并没有成为正式注册的学生，因为她觉得自己没有能力完成哈佛的课程，一度想放弃拿到哈佛学历的念头。

直到9年前，同事和同学的鼓励让伊丽莎白产生了争取学位的念头，那时她已经73岁了。对于一个普通的73岁的老人来说，安享晚年是最好的选择。而伊丽莎白却不甘心就此放弃自己的理想。她再次鼓起勇气，走入了哈佛的课堂。她给自己制订了“10年目标”，并经常向孩子们许诺，要在83岁之前从哈佛毕业。

如今满脸皱纹的伊丽莎白在哈佛工作了25年，学习了20年，攻读了9年学位，最终赶在自己的孙女之前获得了本科学历。

少年们，人生就是如此，只要你迈步，路就会在脚下延伸；只有启程，我们才会向心中的梦想靠近。无论你的梦想和目标是什么，最主要的是立即开始行动，朝着梦想的方向拼搏，努力向前，才能看到成功的希望。这一点被许多人所忽略，其结果都是以失败告终。

成功者告诉我们，实现梦想的最佳途径就是奋勇一搏。梦想实现过程中的阻碍，并不是我们能力不足，不是我们少了那份运气，而是我们没有勇敢地拼搏，没有决心去实现它。在距离梦想很远的地方，我们不应该停下来，也不应该选择放弃，而是要坚定自己的梦想，哪怕试一试也好，这样即便不能成功，我们也努力过。

## 掌控自己的人生，牢牢抓住命运的缰绳

只要你不把命运交给别人，那你一定能掌握自己的命运。

生活中，或许我们会把身边那些优秀的人当作自己的偶像，在赞赏的同时，却在一旁自怨自艾，好像自己再怎么努力也成不了这样的人。其实，真的是这样吗？我们的偶像只能是别人吗？当然不是，当我们经过不懈的努力之后，我们也可以成为自己的偶像。在人生的旅途上，引导我们继续向前的，不是别人，而是自己。

伊尔·丰拉格是美国历史上第一位获得新闻界最高奖——普利策奖的黑人记者，是美国黑人的骄傲。但是，丰拉格小时候曾经非常厌恶自己的出身。他小时候因为自己的肤色而自卑孤僻，甚至绝望地认为自己将来不会有任何出息。父亲带儿子去荷兰参观了凡·高的故居。在看过那张小床及裂了口的皮鞋之后，儿子困惑地问父亲："凡·高不是位百万富翁吗？"父亲答道："凡·高是位连妻子都没娶上的穷人。"听了父亲的话，儿子若有所思。父亲用厚实有力的大手抚摸着儿子的头说："孩子，你看，上帝并没有看轻卑微，伟人原来也不过是一介草民。"父亲的话改变了丰拉格，他不但对自己的未来充满了自信，而且对大千世界产生了浓厚的兴趣。他立志要成为一名记者，走遍全世界。

从此，丰拉格开始为理想不懈地奋斗。大学毕业后，他如愿以偿地成为一名新闻记者。但是风无常顺、兵无常胜，他很快遭到了白人的排挤。有一次，一个白人记者公然将丰拉格辛苦撰写了一个多月的采访稿件据为己有。丰拉格当时很气愤，他找到主编，希望能讨个公道。然而令他大失所望的是，主编竟然偏袒那个白人，根本不相信他的申辩。

这件事使丰拉格再次看清社会的现实和人生的坎坷，但他仍然坚信自己的未来是光明的。他不辞辛苦，深入各种险境，获取第一手新闻资料。最终，他凭借独特的新闻视角和理念获得了美国新闻界最高奖——普利策奖，开创了黑人获此奖项的先河。

在颁奖仪式上，丰拉格激动地说："感谢上帝！上帝并没有看轻卑微，而将高贵的灵魂赋予每个人的肉体，无论是出身高贵的肉体，还是出身卑微的肉体。感谢父亲！是他给了我自信和新生。我的经历使我确信，凭借坚定的信念和艰苦的努力，黑人可以做成任何事情。每个人都是自己命运的设计师。"

少年们，在这个世界上，或许可以成为我们偶像的人很多，但哪一种人生才是我们最值得期待的呢？当我们为自己的理想种下一粒种子，然后浇水施肥，每天坚持不懈，我们就真的朝着那个方向前进了。同时，我们也会成为当初自己羡慕敬佩的那个人，这时自己岂不是成了自己的偶像？

成功者告诉我们，努力让自己成为自己的偶像。每个人都是挑剔的，我们总是在挑剔别人，而把那些完美无缺的人当成自己的偶像。假如我们要使自己成为自己的偶像，那就必须努力克服自己的缺点，做到尽善尽美，然后朝着成功的方向不断前进，这样我们就可以成为让自己钦佩的人。

# 拥有梦想，也要付诸行动

对于人生，每个人都有自己的理想和规划，遗憾的是，真正能够实现人生理想的人却少之又少。究其原因，并非因为我们的理想不切实际，也不是因为我们的各方面条件不够成熟，而是因为我们在实现梦想的过程中缺乏毅力，导致我们的人生缺乏奋勇向前的动力，我们的人生也渐渐变成了一个残缺的圆圈，无法迅速奔跑向前。

很多朋友都知道，人生如同白驹过隙，转瞬即逝，是非常短暂的。在有限的人生中，我们要想做出一定的成就，有一定的收获，就必须调整好自己的心态，绝不拖延。有了想法就马上考虑成熟，并当即付诸行动。唯有如此，我们才能让自己的人生来一场说走就走的旅行，做到积极主动，永远为时不晚。

记得曾经有人说过，人必须自己成全自己。的确，我们是自己人生的主人，我们也是自己命运唯一的主宰者。在人生之中，我们不能一味地等待，而是要采取积极主动的态度迎接和拥抱人生，设想和计划人生，从而积极地把人生的一切规划都落到实处，这样我们的人生才能变得更加充实。

很久以前，有个男孩出生在偏僻的农村。长到几岁之后，他就和父亲一起去田地里干活。他亲眼看到父亲是如何日出而作、日落而息的，也知道父亲是多么辛苦。

有一次，干活的间隙父亲坐在地头休息。这时，他发现小男孩正在盯着远处重峦叠嶂的群山看呢。父亲问：“孩子，你在想什么？”男孩不假思索地回答：“爸爸，你这样耕种太辛苦了。我在想，假如有一天我不需要在田地里干活，也不用辛苦地上班，只要坐在家里，就会有人寄钱给我，那可就太好了！”原来，男孩前几天看到老师投稿后收到稿费，因而就有了这样的梦想。对于男孩的话，父亲不置可否。男孩还告诉父亲，在遥远的埃及，有个金字塔，他发誓要去亲眼看看金字塔。父亲连听都没有听说过金字塔，自然不相信男孩的话。但是，若干年后，这个男孩长大了，他真的去了埃及，站在金字塔下仰望着金字塔。而且，他如同自己梦想的那样，坐在家里，就有人给他寄钱，这是因为他的文章文采斐然，总是能够出版。当他站在金字塔下时，他还给远在家乡的父亲打电话：“爸爸，我终于如愿以偿了！”

这个小男孩，就是台湾大名鼎鼎的畅销书作家——林清玄。

对于林清玄年少时期的梦想，其实父亲不以为然，因为父亲一辈子都生活在黄土地上，他根本不敢想象人生可以换一种方式度过。但对于年少的林清玄而言，一切都有可能，而且未来正在向他招手呢！就因为始终牢记自己的梦想，始终向着梦想努力奋进，所以林清玄才能连续十年成为台湾畅销书作家，也才能得到无数读者朋友的喜爱和赞赏。

少年们，每个人都有梦想，在追梦的过程中，我们不但成全了自己，也磨炼了自己的心志，从而成功战胜了自己。不管什么时候，哪怕人生正在经风历雨，我们也要保持平和的心态，从而才能更加理智清楚地认知自己，成就自己的圆满人生。

当然，追求梦想的过程并非一帆风顺的。当我们的梦想遭到他人的嘲笑，我们实现梦想的努力被他人质疑时，我们最重要的就是坚持自我，不要轻易被他人的评价左右。要知道，我们才是自己命运的主人，我们才能走出属于自己的人生道路，这是任何人都无法替代的。朋友们，让我们为自己圆梦，让我们的人生更加圆满吧！

## 一路向前，燃烧你的青春

古人云，少壮不努力，老大徒伤悲。这句话的意思是劝说人们抓住年轻的时光，奋力拼搏，这样就不会老无所成，徒然伤悲。的确，人的生命是非常短暂的，长不过百年，没有人能够求得长生不老。既然生命总是这样悄然流逝，一去不返，我们就要抓住有限的生命，做更有意义的事情。当生活不如意的时候，切勿喋喋不休地埋怨。埋怨只会浪费时间，不如从跌倒的地方爬起来，继续一路向前。在人生之中，决定我们能够走多远的不是我们的双脚，而是我们的远大志向；决定我们能否攀登上人生高峰的不是我们的双手，而是我们的坚强意志。唯有理想远大，而且在实现理想的过程中不因为苦难和挫折退缩，才能一往无前。

现代社会，生存的压力非常大。很多年轻人没有任何资本，因而常常觉得自卑。殊不知，年轻人即使没有钱没有经验，也有最大的资本——年轻。因为年轻，我们不会惧怕跌倒。跌倒了，还可以再次爬起来，努力前行；因为年轻，我们不担心失败，失败就是积累经验和教训的过程，是帮助我们成长的阶梯；因为年轻，我们不畏惧未来，即使未来是未知的，我们也依然可以勇往直前。年轻，就是最大的资本。试想，那些成功人士，哪个不是从年轻时的跌跌撞撞一路走来的？平步青云只是一种美好的遐想，成功必须脚踏实地，一步一个脚印。

鲁迅先生说："这个世界上本没有路，走的人多了，也便成了路。"对于年轻人来说，未必要踩着前人的脚步前进，也可以凭借自己独到的眼光开辟自己的人生之路。即使走了冤枉路，或者走了错路，我们也会因此而看到与众不同的风景。最重要的是，走错了也没关系，还有时间矫正或者重头来过。年轻的心就应该轻狂张扬，肆意放飞自我。对于年轻人来说，当务之急不是不犯错误，而是丰富自己的经验和阅历，为未来的扬帆启航做足准备。

作为全球最大的草根创业者的平台创始人，阿里巴巴的马云现在无疑成了网络风云人物。然而，在富不过马云的时代，也没有几个人年轻时曾比马云更惨过。刚刚毕业的时候，马云求职总是被拒绝，其中有两次都是因为外貌被拒绝的。对于这个长相像外星人的男孩，即使是酒店服务员的工作，也将他拒之门外。最终，马云不得不骑着三轮车送货谋生。马云刚开始创业的时候，和朋友合办了一家翻译社。然而，开张第一个月就生意冷清，入不敷出。为了支撑下去，马云不得不开启兼职模式，当起了批发零杂百货的小贩子。后来，马云还做过上门推销的销售员，但也经常吃闭门羹。幸好，马云有强大的内心，从未被这一切摧毁，也幸好，马云还年轻，完全有机会重新开始。

做“中国黄页”的时候，是马云最为艰难的时候。那个时候，国内还没有互联网，大家对马云说的内容完全陌生。要为空口说出来的东西付钱，没有老板愿意。马云的团队不但要证明企业的资料确实已经传到网络上，为世界所熟知，还得先证明世界上有种东西叫作互联网。为此，对技术一窍不通的马云只能一遍又一遍地说，逢人就说。直到1995年上海开通互联网，马云终于松了口气，最起码可以让企业客户看到网上的资料和照片了。当时，很多人都因为不了解互联网，就说马云是“骗子”。可想而知，马云承受了多么大的压力，创业的路上又有多少阻力。在决定回到杭州再次创业之前，阿里巴巴团队曾在北京为政府项目工作了一年多。眼看着就要离开北京，马云带着团队一起去了长城。晚上聚餐，整个团队的人都大吃大喝，不停地唱歌，他们都不想面对别离。那天晚上，《真心英雄》是他们的主题曲，当时，30岁的马云第四次创业失败。

即便如此，马云最终依然成功地创办了阿里巴巴。外人熟知的是阿里巴巴创造的诸多奇迹，却不知道马云在最艰难的时候，公司的账上只有200块钱。就这样，马云走到了今天。今天的阿里巴巴不可与当年同日而语，今天的马云也已不再年轻。然而，马云的青春时代过得轰轰烈烈，无怨无悔。

少年们，每个人，都应该有一个值得自己想念和致敬的青春。虽然我们不是马云，但是每个人都有自己的梦想，每个人都应该无怨无悔地为梦想燃烧青春。年轻的人们，即使你们身无分文，即使你们无立足之地，也不要气馁。因为，你们还年轻。年轻，意味着无限的可能性。年轻，意味着即使犯错也有机会从头开始。

少年们，让我们扬起青春的风帆，远航吧！

## 心中有梦想，就有无人能挡的路

小时候，我们都会被问到这样一个问题："将来长大了你想成为什么样的人？"那时候，我们总是满怀希望地看着远方，似乎已经看见了我们的未来。但是，真正长大后，我们会忘记儿时的梦想，在成长的过程中，缺乏了自信，将梦想搁浅了。其实，阻碍我们实现梦想的最大绊脚石就是内心的自卑，我们不敢相信那些梦想会成为现实，在自卑心理的影响下，我们否定了自己的能力与学识，让自己成为一个内心胆怯的人。

安妮是大学艺术团的歌剧演员，她有一个梦想：大学毕业后，先去欧洲旅游一年，然后要在纽约百老汇占有一席之地。

有一天，老师找到安妮说："你今天去百老汇跟毕业后去有什么差别？"她仔细一想，说："是呀，大学生活并不能帮我争取到去百老汇工作的机会。"于是，她决定一年后去百老汇闯荡。老师感到不解："你现在去跟一年以后去有什么不同？"她想了一会儿，对老师说："我决定下学期就出发。"老师紧紧追问："你下学期去跟今天去，有什么不一样呢？"她有点儿眩晕了，她决定下个月就去百老汇。老师继续追问："一个月以后去跟今天去有什么不同？"她激动不已，说："给我一个星期的时间准备一下，我就出发。"老师步步紧逼："所有的生活用品在百老汇都能买到，你一个星期以后去和今天去有什么差别？"她激动地说："好，我明天就去。"老师点点头："我已经帮你预订了明天的机票。"

第二天，她真的到了百老汇，自信满满的她由于出色的表演而得到了导演的青睐。她就这样，成为了自己所梦想的百老汇明星。

安妮实现了自己的梦想，如愿以偿地成为百老汇的一名演员。生活中的我们并不是缺少梦想，而是缺乏追逐梦想的信心和勇气。梦想需要自信，需要勇敢地拼搏，我们才能成为梦想中的那个人。如果在追逐梦想的过程中，仅因为内心的怯弱和自卑而选择放弃，那你永远也没有办法实现自己的梦想。我们要记住这样一句话：你，正如你所思。在这个世界上，没有人能够阻止你开启梦想之旅，除了你自己。

少年们，如果你对自己感到失望，失去了继续生活的希望，那么，能够挽救你自己的只有一个人，那就是你自己。不要总希望上帝会来救赎你，也不要总认为所有人都抛弃了你。其实，这个世界并没有抛弃你，除非你自己抛弃了自己。当生活遭遇了不幸，我们所能够做的就是相信自己，一步步向自己的梦想前进。你，正如你所思。

# 第二章

## 遭遇磨难时披荆斩棘，少年你终成强者

## 砥砺前行，要有迎难而上的意志力

没有人的一生会是一帆风顺的，尤其是在青涩的年少时光里，我们更要付出巨大的努力，为了实现自己的人生目标决不放弃。如此，我们才能在成长之后的回望中对自己说一声："嗨，感谢你！"的确，今日的我们要感谢昨日的我们，正是因为昨日我们的努力，我们才能拥有今日的成就和安逸的生活。相反，假如昨日的我们选择了安逸，那么今日的我们必然困顿，即使后悔，只怕也来不及了。

人生有很多个阶段，其中青春年少恰恰是经受磨难、帮助我们不断成长的阶段。想想吧，如果没有春日的播种，没有夏日的炙烤，我们如何能够在秋日迎来金秋的硕果累累呢！很多人都觉得成长是一瞬间的事情，实际上，成长是非常缓慢的过程，我们必须在人生中经历很多事情，才能最终成长和成熟起来。也不乏有些人，哪怕穷尽一生，也无法做到顺利成长。究其原因，在于他们放纵了自己。年少轻狂，不去反思和努力。

与其被动地接受成长，不如主动地拥抱成长。需要注意的是，成长对于每个人都是完全不同的。有些人的成长非常顺利，有些人的成长充满了坎坷与挫折。我们必须接受自己的成长方式，才能从容拥抱未来。

小马是个农村的孩子，从小就在天地山野间长大。看到父母面朝黄土背朝天地终日劳作，他暗暗下定决心，一定要鲤鱼跳龙门，彻底改变命运。为此，他非常努力地学习，当别的同学玩要时，他却在辛苦地读书。然而，正当他准备好一切等待迎接高考到来时，他因为高考体检被查出患有肝炎，失去了参加高考的资格。为此，小马非常痛苦，也不甘心，他苦苦央求父亲再给他一次机会，他坚信自己一定能考上大学。

父亲沉默地抽着旱烟袋，不知道应该说些什么。但是看到小马充满渴望的眼神，父亲心碎了。他很清楚，他的决定关系着孩子一生的命运。抽完旱烟，父亲开始东拼西凑地为小马准备学费。这一年，村里说什么的都有，毕竟，因为体检被查出肝炎而被拒之于高考门外的事情并非时有发生。在这一年之中，小马每天都承受着巨大的压力，好不容易结束高考，却发现命运再次和他开了个玩笑。他以一分之差，与理想的大学失之交臂。看着同学们都欢天喜地地踏上去大学的行程，他心如刀绞。那个九月，他几乎每天都和父亲一起下地干活，他一干就是一整天，似乎恨不得把一切都埋到土地中。一个月之后，小马变得黝黑强壮，而父亲却更加沉默不语。突然有一天，父亲让小马再次报名参加补习班，父亲让小马再复读一年、再次参加高考。

这一年，小马很清楚这是自己人生中的最后一次机会。经过一年的奋力拼搏，小马在经历黑色的六月之后，终于等来了期盼已久的大学录取通知书。父亲长满皱纹的脸上老泪纵横，每一滴眼泪都重重地砸在小马的心里。如今，小马已经以优异的成绩从大学毕业，而且获得了很好的工作。回忆往昔，他永远也无法忘记人生中的三次高考，更无法忘记父亲那沉默地抽着旱烟袋的身影。

人生路上，每个人都会经历一段孤独的旅程。在这个阶段，没有人能够陪伴我们，更没有人能够消除我们的寂寞和无奈。很多时候，我们只能独自面对人生的各种经历，归根结底，人生是我们自己的，所以我们必须在孤独中学会等待。熬过漫长的孤独，就像蚕茧中的蚕蛹等待破茧而出的那一刻一样。我们要相信自己，只要我们积聚力量，只要我们心怀希望，我们就能超越一切苦难，获得成长。

少年们，相信你们对于自己的成长经历都有着深刻的印象和独特的感悟，那就像是我们人生之中某个阶段的剪影一样。我们必须非常努力，决不放弃，才能在烈日炎炎之中如同风一般自由奔跑。正如西方的一位著名作家所说的，冬天已经来了，春天还会远吗？当我们遭遇人生中黎明前的黑暗时，我们要坚信，黎明即将冲破黑暗到来，也为我们的人生带来巨大的变化。

## 人生道路中的磨难，也是淬炼每个少年的机会

台湾著名美学大师蒋勋曾写道：“每个人完成自我，才是

心灵的自由状态；每一个人按照自己想要的样子完成自己，那就是美，完全不必有相对性。天地之下可以无所不美，因为每个人都发现自己存在的特殊性。大自然中，从来不会有一朵花去模仿另一朵花；每一朵花对自己存在的状态非常有自信。”

面对人生道路中的磨难，有的人选择了“枯萎”，因为他们认定自己就是失败的；有的人则选择了完美地绽放，因为他们坚信自己才是最美的。人生中的磨难是不能避免的，它是客观存在的，既然它早已经存在，我们又何必去生气呢？它来了，我们就迎难而上，在磨难中重塑出更加完美的自己。很多人在面对磨难的时候，心底就会传出这样的声音：我战胜不了它。在消极情绪的主导下，磨难还没有开始，他们就主动放弃了，后来，他们错过了蜕变的机会。

1921年夏天，年近39岁的富兰克林·罗斯福在海中游泳时突然双腿麻痹，后来经过诊断是患了脊髓灰质炎。这时，他已经是美国政府的参议员了，是政坛上的热门人物。疾病的打击令他心灰意冷，打算退隐回到家乡。刚开始的时候，他一点都不想动，每天必须坐在轮椅上，但是，他讨厌整天被别人抬上抬下。于是，到了晚上，他就一个人偷偷地练习怎么样上楼梯。经过一段时间的练习，一天他得意地告诉家人：“我发明了一种上楼梯的方法，表演给你们看。”他先用手臂的力量把自己的身体支撑起来，慢慢挪到台阶上，然后再把双腿拖上去，就这样一个台阶一个台阶艰难地爬上了楼梯。母亲阻止儿子，说：“你这样在地上拖来拖去，给别人看见了多难看！”

富兰克林·罗斯福却断然地说：“我必须面对自己的耻辱和磨难。”

历史向我们证明，磨难并没有成为富兰克林·罗斯福人生成功的阻碍，甚至，它在一定程度上帮助他成为了美国历史上最伟大的总统。因为磨难，罗斯福更加坚定了自己的人生追求、加快了向前的步伐，最后，他成功了。磨难降临时，有的人心底立即就产生了“败气”，他开始逃避，挑战还没有真正开始，他就被打倒了。

格连·康宁罕在8岁的时候，双腿在一场爆炸事故中严重受伤，当时，他的双腿上几乎没有一块完整的肌肤。医生毫不犹豫地断言：“你此生再也无法行走。”父母满脸悲伤，康宁罕却没有哭泣，而是大声宣誓：“我一定要站起来！”在床上躺了两个月之后，康宁罕便尝试着下床了，为了不让父母看见伤心，他总是背着父母，拄着父母为自己做的小拐杖在房间里慢慢挪动，钻心的疼痛将他一次次击倒，令他跌得浑身是伤，但康宁罕并不在乎身体上的疼痛，反而咬着牙挣扎着站起来。他坚信自己一定可以重新站起来，重新走路，甚至奔跑。经过了几个月痛苦的练习，康宁罕的两条腿可以慢慢地屈伸了，他在心底为自己默默欢呼：“我站起来了！我站起来了！”

在医院里，康宁罕想起了离家两英里的一个湖泊，他怀念那里的蓝天，怀念那里的小伙伴。他想再次走到湖泊旁，与小伙伴一起玩耍。怀着这样一个美好的心愿，康宁罕更加坚强地锻炼着自己。两年之后，康宁罕凭借着自己的坚韧和毅力，走到了湖泊边。从此，他又开始练习跑步，把农场上的牛马作为自己追逐的对象，几年如一日，从来没有放弃过。最后，他的双腿奇迹般地强壮了起来，他不断地挑战自己，最终成了美国历史上著名的长跑运动员。

或许，康宁罕的身体是残缺的，但是，他的心灵是异常完美的，即使遭受了多么大的磨难，他依然保持着健康的心理，以乐观积极的心态面对生活。曾听说过这样一个故事：一位刚刚毕业的大学生在一次体检中被检验出是乙肝病毒携带者，因为这张诊断书，她的求职被几家公司拒绝，得到这个消息后，她从病床上一跃而起，便往墙上撞去，幸好护士及时拉住了她的衣服。尽管医生告诉她这没有任何危险，但是，在复查过程中，她的情绪变得十分恶劣，动不动就发脾气，似乎自己求职失败是其他人的过错。磨难来得无声无息，它总是在悄悄地考验我们的毅力和坚韧，如果我们能够顽强抗争，逃离磨难带来的阴影，那么，我们将重新给心找到幸福的方向，自己也将变得更加完美。

齐克果说："一旦一个人自我设限，并且一直认定自己就是个什么样的人，他就是在否定自己，他甚至不会自我挑战，只想任由自己一直如此下去，而这终将导致自我毁灭。"磨难是上天给我们的考验，它不是我们最终的归宿，相反，它是一座修炼人生的高等学府，你是否能从这里毕业，意味着你人生的成败，更何况，磨难带给你的，比它本身更有意义。

1.人生是一个不断完善的过程

对于我们来说，人生是一个不断完善的过程，就像蛹一点点褪去，蜕变为美丽的蝴蝶。人也一样，在磨难中，我们将得到重塑，经历了磨难，我们将变得更加完美，同时，也更接近成功。

2.每一次磨难都是一次人生历练

每一次磨难，都是一次人生历练，强者会变得更坚强，弱者会变得更软弱，想做一个完美的强者，就要不断地完善自己，克制内心沮丧、愤怒的情绪，勇敢地向前。面对磨难，不要自暴自弃，不要灰心丧气，不要生气，勇敢向前，你会发现，磨难将成为你人生最珍贵的记忆。

## 厄运来临，敢于扼住命运的咽喉

人是强大的，也是脆弱的。每当厄运突如其来的时候，人几乎无法抵挡厄运的侵蚀和袭击。很多朋友都曾有过这样的感受，即在遭遇厄运的时候，觉得天简直都要塌下来了，人生一瞬间变得昏暗无比，似乎永远再也见不到天日。的确，这就是人面对灾难时正常的心理反应，哪怕是一个强者，也会在短时间内出现类似的感受。在这种情况下，我们应该如何继续生活下去呢?

曾经，有位记者去山区采访一位一百多岁的老人，这个老人既经历过封建社会，也经历过日本侵略者的入侵，还度过了内战，后来幸福地活在新时代里。当记者问这个老人如何才能在经历了那么多苦难后依然好好活着时，老人平静地说："熬着。"没错，就是这两个字，虽然简单，却说出了人生的真谛。人生，真的需要熬着。我们既要承受苦难，也要承受挫折和磨难，尤其是当遭遇突然而至的沉重打击时，只要生命还在，只要尚且能够喘息，我们哪怕什么也不做，也要默默地忍受和承担——熬着。

没有人愿意在痛苦中生活，每个人都向往自由和幸福的生活。然而，这个世界上既没有绝对的自由，也没有毫无忧愁的幸福。每个人的人生都五味杂陈，苦乐参半。我们要想突破自己的人生，取得更大的发展，就要战胜厄运，不被厄运扼住咽喉。记住，即便是厄运，也对强者无可奈何。

1880年6月27日，海伦·凯勒降临人世。她出生的时候非常健康，也很可爱。然而，在十九个月大的时候，海伦因为一场突如其来的大病，失去了视力和听力，从此生活在无声无光的世界里。身为一名重度残疾者，在成长的过程中，她一度因为自己身体的残疾而变得性格暴躁，且具有很强的攻击性。幸好，后来父母为她请来莎莉文老师，从此之后，莎莉文老师教会海伦读书认字，为她打开了通往世界的通道。海伦非常好学，凭着残疾之躯，在莎莉文老师的帮助下，她居然完成了大学阶段的教育，成为人类历史上首位获得文学学士学位的聋哑人。

海伦虽然自身是重度残疾，但是她努力想要成为一个对世界、对人类有用的人。为了帮助更多的聋哑人改善生活和工作条件，她一直四处奔走，为残疾人募捐，为更多的残疾人造福。除此之外，海伦还把自己在聋哑世界里生活的经历分享给每一个人。她的自传《我的生活》，自从出版之后，就在美国引起强烈的反响，甚至有人将其称为“世界文学史上独一无二的杰作”。后来，海伦笔不辍耕，又创作了《中流》《走出黑暗》《假如给我三天光明》等诸多作品。《假如给我三天光明》被翻译成多种语言，在世界上流传，也给无数人带来了勇气和力量。

作为一个重度残疾人，海伦在十九个月大时就失去了听力、视力。不得不说，这对于还不谙世事的她而言，是灭顶之灾。在刚开始失去听力和视力时，海伦还没有意识到自己与他人的不同，后来随着渐渐长大，她为此苦恼沉沦。幸好，最终她坦然接受命运的安排，在莎莉文老师的鼎力帮助下，成功地扼住命运的咽喉，没有向命运屈服。

少年们，每个人在人生之中都会遭遇各种各样的厄运。假如我们被厄运打倒，一定会从此一蹶不振，再也没有站起来把握命运的机会。因此，在遭遇厄运时，我们一定要鼓起勇气站起来，努力地支撑自己。只要熬过了最难熬的时刻，你会发现，活着真好，活着就有希望，活着就有可能战胜一切困难。朋友们，让我们成为真正的强者吧，让我们在厄运面前顶天立地，绝不屈服。

## 绝不能被打倒，坚强地面对未来的一切

从我们一出生，就注定了我们必须坚强地面对未来的一切。特别是最初步入社会的几年，摔倒了，不能趴下，只有起身才能继续前行；失败了，不能气馁，只有顽强才能勇往直前；受挫了，不能放弃，只有坚持才能越挫越勇。是的，一切一切的遭遇，年轻的我们都要坚强地面对：事业的失败，感情的磨难，工作的挫折，有苦有泪都不要灰心丧气。

当我们为事业、未来拼搏时，会遭遇很多困难，而面对绝境的时候，才是真正考验我们的时候。跌倒了，应该坚强地笑着对自己说："爬起来就行了，不要为这绊脚石而伤心，它不过是人生成长的磨炼罢了。"伤痛留下的伤疤只会成为永恒的回忆，而每一道伤疤都会告诉自己：我要坚强地面对生活。

我们的社会生活才刚刚起步，相信命运的前方还会有许多绊脚石，但只要学会坚强，朝着自己设定的目标前进，一切困难都不会阻碍我们抵达成功的彼岸。

20岁出头的佳敏，不但聪明而且漂亮，成绩一直非常优秀，高中毕业后便顺利进入日本的大学预科学习日语。当时，佳敏从报纸上了解到日本长崎国际大学的国际观光专业享誉世界，而她的梦想就是趁着年轻，走遍世界，所以日本长崎国际大学成为她的目标。为此，佳敏除了努力学习日语外，也在急切地等待着大学的录取考试。

就在考试前夕，为了缓解压力，学校放假三天。与其他同

学一样，佳敏也回到了老家。闻讯后，父亲去机场接佳敏，就当父女二人快到家的时候，一辆大货车在超车时，突然将他们的摩托车撞翻，父亲被撞出十几米远，当场就昏迷不醒，更为严重的是佳敏，她的整条右腿全部被货车的后轮碾过，左腿则被车轮严重挤压。

经过医院的救治，佳敏的父亲痊愈了，但佳敏却失去了右腿，父亲深感后悔和自责。面对此情此景，佳敏没有任何抱怨，更多的是对父亲的理解和感恩，她对父亲说："活着就是幸运了，就算我失去了右腿，我也不能跪下，爸爸，我要继续学习，考上大学，然后去周游世界，因为我还年轻，你说是吧，你相信我吗？"

听完这些，父亲泪如雨下，他紧握佳敏的手说："好女儿，你一定可以的，一定能完成周游世界的梦想，爸爸背着你一起去！"

看看年轻的佳敏，未来才刚刚展开，不料一场横祸却几乎毁掉了她的前途，但她却没有失去信念，她要用坚强描绘她的青春，续写她的生命。

少年们，坚强是我们的重要力量，是我们做人的信念，而信念又是坚强的心理支点。记住，"跪着虽不会跌倒，但可能被践踏"，遭遇困苦时，我们不可怨天尤人、萎靡不振，那样只能向命运妥协；而应坚强面对，纵使艰难险阻，一片丹心不改，仍然顽强前行，这才是年轻的我们应拥有的无畏与豪迈！

对年轻的我们而言，前行路途漫漫，而挫折在所难免，也许就此夕阳西沉，也许黑夜之后旭日东升、朝霞满天。抉择与等待是痛苦的，若只是停滞不前，没有坚强的信念，是熬不过寒夜，等不到天明的，唯有坚强才能在漫漫长夜之后看到东升的旭日！

## 勇者无畏，绝不能缺勇气

人生是一叶小舟，勇气是引航的灯塔和推进的风帆，没有勇气的人生就像是失去了方向和动力的小舟，只能在生活的波浪中随处漂泊，有可能还会沉没在激流之中。在人生的旅途中，我们需要一份勇气，即使有能力、有才华，但若是缺少了勇气，那些潜在的能力就会成为镜花水月，而只有勇者才能抵达成功的彼岸。

在1968年的墨西哥奥运会上，美国选手吉·海因斯以9.95秒的成绩打破了男子百米赛跑的世界纪录。当时，全程都有摄像镜头记录，海因斯在撞线后回头看了一眼记分牌，然后摊开双手说了一句话。这个镜头被电视机前的观众所看到，但是，由于当时海因斯身边没有话筒，所以，他到底说了句什么话，没有人知道。

1984年，洛杉矶奥运会前夕，一位名叫戴维·帕尔的记者在办公室回放奥运会的资料片，当他再次看到海因斯的镜头时，心想：这是历史上第一次在百米赛道上突破10秒大关，海因斯在看到纪录的那一瞬间，一定说了一句不同凡响的话。不过，这一个关键的新闻点，居然让在场的431名记者给漏掉了，这真是个遗憾。于是，戴维·帕尔决定去采访海因斯，问他当时到底说了一句什么话。

戴维·帕尔很快就找到了海因斯。但是，回忆起16年前的往事，海因斯却一头雾水，他甚至否认当时自己说了话。戴维·帕尔说："你确实说话了，有录像带为证。"海因斯打开了帕尔带去的录像带，看完之后，他笑了，说道："难道你没有听见吗？我说，上帝啊，原来那扇门是虚掩着的。"戴维·帕尔好奇地问："你能解释下这句话吗？"海因斯说："自从欧文斯创造了10.3秒的成绩之后，医学界就断言，人类的肌肉纤维所承载的运动极限不会超过每秒10米，看到自己9.95秒的纪录后，我惊呆了，原来10秒这个门不是紧闭着的，它虚掩着，就像终点那根横着的绳子。"

试想，也许在当时与海因斯条件差不多的运动员应该不少，但是，他们在最后都没有获得成功，而海因斯却赢得了胜利，这是因为海因斯战胜了自我，鼓起了勇气推开了那扇虚掩着的门。

英国作家莎士比亚说："真正勇敢的人，能够智慧地忍受最难堪的屈辱，不以身外的荣辱介怀，用息事宁人的态度避免无谓的横祸。"少年们，面对充满压力和困难的生活，没有勇气是不行的。

## 将开启成功的钥匙永远掌握在自己手中

无论是生活中还是工作中，我们都难免会遭遇坎坷、曲折、磨难，这时，我们会感到痛苦、迷茫，但是，这些都不是最可怕的，可怕的是自己先否定了自己，摧毁了自己。所以，在这关键时刻，更需要相信自己，为自己加油，要坚信开启成功的钥匙永远掌握在自己手中。

威廉、约克和李维相约去美国旧金山淘金，当他们到达目的地以后，却发现现实远没有想象中美好。在当地，比金子更多的是淘金者。面对这样的情况，三人都感到很失望，不知道该怎么办。

威廉满腹失望，但是内心却不甘，既然来到了旧金山，说什么也要去寻找金子才是正确选择，于是，他决定还是去淘金。几年过去了，他依然过着劳苦而贫困的生活；约克对淘金已经没有太大兴趣了，他暂时打消了淘金的念头，想在当地另谋生路，后来，他发现了废弃在沙土中的银，开始了自己冶银的事业，几年过去了，他成为了当地的富翁；李维与威廉一样，他觉得淘金虽然有可能成功，但是，面对着比金子还多的淘金者，他预感到做一个淘金的工人似乎并不是冷静的选择。等到平静下来之后，李维想到了自己的手艺，他决定卖耐磨的帆布裤，借以改造，创造了牛仔裤，后来，李维创立了世界牛仔裤的名牌Levi’s。

通过这个故事，我们看到了两种不同的心路历程：威廉依然做着淘金的美梦，而约克和李维则是选择了另外的出路，他们深知现实远没有想象中的那么美好，金子也不会在原地等你，而是需要你自己努力。在美国旧金山淘金热风靡一时的时候，相信许多人都做着发财美梦，但是，是否真的能挖到金子呢？

少年们，在这个世界上，从来就不会有“天上掉馅饼”的美事，即使真的有，你也会因此而付出一定的代价。生活中，多少人梦想着一夜致富或一夜成名，但是，那不过是痴人说梦，不努力怎么又会有所获得呢？相反，那些真正富有、成名的人，在他们光鲜的背后有着不为人知的艰辛付出，要知道，成功的道路从来不是平坦的，而是坎坎坷坷、荆棘满地，而成功唯一的途径就是披荆斩棘、勇往直前。

# 第三章

## 做勇敢少年，你的心是所有能量的来源

## 真正的强大，是内心强大

初中毕业后，因为家境贫困，华罗庚退学回到家里，和父亲一起经营着家里的小生意。在忙着服务顾客的同时，华罗庚没有忘记要坚持自学。每天他都利用工作之外的时间点灯熬油地苦读，渐渐地，他的身体越来越吃不消，最终居然染上了严重的伤寒，导致危及生命。靠着顽强的生命力，华罗庚半年之后才战胜伤寒，但是他的左腿因此终身残疾了。

当时，华罗庚只有19岁，但是他没有被这个沉重的打击击垮，相反，他想起古今中外很多伟大的人都是在饱经磨难之后才勇敢崛起，创造人生奇迹的。为此，他暗暗鼓励自己一定不能自暴自弃，而要用头脑弥补左腿的残疾，让自己成为有价值的人。就这样，华罗庚勇敢地站起来，他拄着拐杖，白天继续和父亲一起打点家里的小生意，晚上则点着煤油灯自学到深夜，甚至是凌晨。1930年，华罗庚在科学杂志上发表了一篇论文，引起了清华大学数学系主任熊庆来教授的注意。熊庆来主任很爱惜有才华的青年，为此找机会把华罗庚招募到清华大学当助理员。到清华大学后，华罗庚的学习条件得到很大的改善，他白天工作，晚上学习，在浓厚的学术学习氛围中，他在学术方面很快就取得了突飞猛进的发展。

如果华罗庚因为小小的挫折就放弃努力，那么他就不可能有后来的成就。正是因为他在一切的打击和磨难面前始终坚持不懈，所以才能够最终站起来。他虽然身体残疾了，但是他的心灵无比强大，这样他就有足够的力量面对人生，也能在生命的历程中创造让人瞩目的伟大成就。

人生是漫长的，漫长得看不到终点；有人却认为人生如同白驹过隙，是非常短暂的，转眼即逝。归根结底，人生是一场没有归途的旅程，没有人知道人生的终点在哪里，也没有人能够买到回程票。一个人要想度过充实的、无怨无悔的一生，就一定要抓住青春年华，这样才能够在有限的生命中创造自己的价值，证明自己存在的意义，从而给人生更好的交代。否则，如果总是怀着游戏人生的态度肆意挥霍宝贵的时间，那么这个人必将被整个社会所淘汰和厌弃，也将导致自身碌碌无为，一无所成。

孩子一定要从小就培养自己成为人生主宰的意识，这样才能够驾驭人生，成为人生真正的主人，也能有效地创造自己生存的价值。反之，就只能被人生凌驾，成为人生的奴隶，导致自己在人生之中碌碌无为，终究无法做出任何有意义的事情。每个孩子都要拥有真正的自信，这样才能不断地强大起来。否则，当孩子陷入自卑的负面情绪，就会对自己的未来失去信心，人生目标变得模棱两可，也失去明确的方向。最终，这样的孩子会在人生之中彻底地迷失自己。

少年们，人生不如意十之八九，对于每个人而言，生活从来都不是一帆风顺的。尤其是对于孩子来说，他们正处于成长的关键时期，更容易遇到各种各样的坎坷和挫折。在这种情况下，不要因为人生多磨难，就对人生失去信心。要知道失败是成功之母，真正伟大的强者，能够踩着失败的阶梯，不断地向上、前进。否则，如果总是一味地陷入失败的困境中，导致自己无法自拔，那么就会让整个人生沉沦下去。

其实人生又何尝不像是攀登山峰呢，要想到达顶峰，就必须非常努力，踩着嶙峋的怪石，也踩着绵延不断的阶梯，努力向上，在没有路的时候甚至要手脚并用，抓住荆棘往上攀爬。人生正是如此，也唯有如此，才能够真正地到达巅峰。在人生的长途跋涉中，每个孩子都要坚持不懈，不要被一时的软弱打倒，想想吧，就连蜗牛还背着沉重的壳不断地向上，更何况是勇敢坚强的孩子们呢？

真正的强大是自立自强，是在遇到任何苦难和打击的时候，都决不放弃努力，是不到最后一刻绝不轻言失败。真正的强大，是一种来自内心的力量，够支撑每一个生命足够坚强，坚持下去。

## 坚韧不拔，要付出长久的坚持和持续的努力

作为举世闻名的推销大师，他在推销生涯中的确做出了与众不同的成就，也凭着自己奇迹般的销售业绩赢得了“销售之

神”的称号。转眼之间，他已经到了退休的年纪，为了给销售生涯画上一个圆满的句号，他特意选择在体育馆里进行职业生涯的告别演讲。为了从他这里得到推销的秘诀，很多人都闻讯赶来，只想一睹真容，也亲耳听到他的教诲。

然而，当听众们满怀热情地早早到达体育馆里等着，当听众们用充满期待的眼神看着演讲台时，随着序幕的缓缓拉开，出现在演讲台上的并不是大家期盼的推销大师，而是一个沉重而又巨大的铁球。这只大铁球被一个非常坚固的架子支撑着，看起来非常稳固。悬空的铁球依然分量感十足，让人随时都在担心它会掉下来。正当人们对此感到莫名其妙的时候，他终于出现在台上。台下的听众全都热烈地鼓起掌来，热烈的掌声之后，会场马上恢复了安静，人人都想从他的演讲中得到销售的秘诀和真传。

然而他什么都没有说，只是从随身的口袋里拿出一个精巧的铁锤。然后，他问在场的人：“你们之中有谁能够用这个铁锤击打铁球，让铁球震荡起来呢？”听到这样匪夷所思的请求，台下的听众全都议论纷纷，因为他们亲眼看到铁球有多么沉重，根本不相信这个铁球居然会在这么精巧的小铁锤的击打之下震动起来。为此，有几个年轻人跃跃欲试，他们想要证明铁锤根本不能使铁球动起来。走上舞台之后，他们使出吃奶的力气，用铁锤敲击铁球，但是，铁球尽管悬空，却稳如泰山，丝毫没有晃动。年轻人不断努力，台下的观众们终于忍不住喊道：“铁球那么大，铁锤那么小，怎么可能用铁锤敲动铁球呢？这是根本不可能发生的事情。”销售大师不置可否，只是保持着微笑，小声地说：“我可以用这个铁锤敲动这个铁球。”说完，销售大师就开始拿起精致的铁锤，去敲击沉重的铁球。

台下的听众们按捺不住，开始议论纷纷，有的人甚至后悔自己不应该那么远赶过来听这场演讲，还说这是浪费时间。大师听见听众们躁动的声音，丝毫不为所动，继续不急不缓地敲击着铁球。正当有人站起来准备离开的时候，坐在前排的一位女士突然间惊讶地大声呼喊：“球动了，球动了！”准备离开的听众马上停止脚步，站在那里看着舞台上的铁球。他们惊讶地发现，舞台上的铁球真的缓缓动起来了。这时候，演讲大师才满意地把小铁锤收到自己的口袋里，微笑着看着摆动的铁球。他气定神闲地对听众们说：“我唯一想告诉大家的是，每个人只有拥有执着坚韧的精神，才能等到成功的到来。”就这样，销售大师结束了这一句话的演讲，但是在场的每一个人都得到了深刻的感悟和启发。

少年们，成功从来不是一蹴而就的，更不可能从天而降。每个人想获得成功，都要长久的坚持并付出持续的努力。成功需要具备的因素很多，必须要在各方面都达到一定的条件，才能真正获得成功。在这个故事中，销售大师坚持用精巧的铁锤敲击沉重的铁球，完成了所有人都认为不可能完成的任务。其实这就像获得成功的过程，即使所有人都觉得你不可能成功，只要你坚定不移地相信自己一定能够成功，并且努力去做，不因为任何人的想法和看法而改变自己，那么你的坚持最终一定会有所收获。

还有人说简单的事情重复做，每一次都做到极致，这就是成功。的确如此。很多成功不是像人们所想的那样轰轰烈烈而来，而是在每一步看似不经意的向前中，悄悄来到人们的身边。所以孩子们一定要拥有坚强的意志力，绝不轻言放弃，这样才能够最终得到成功的青睐，才能够真正实现人生的伟大梦想。

## 拒绝畏畏缩缩，要敢于冒险

1859年，美国的一家石油公司因为经营状况不好，即将破产倒闭。很多业内人士闻讯赶来，想要收购这家公司。这家公司的股权底价是五百美元，当时洛克菲勒和他的合伙人也来到了这家公司，想要趁机扩张经营的规模，让公司更加壮大起来。拍卖现场，竞争的激烈程度超出他们的预估。由于参与竞拍的人很多，很快，拍卖价格就从500美元上升到了5万美元，这可是足足翻了一百倍之多，这个价格甚至已经比石油公司的价值高出很多。在这种情况下，如果继续出高价，就算赢得竞争，在后期的经营中也会承受巨大的经济压力，冒着很大的风险。为此，很多人见势不妙，都撤出了拍卖。

此时此刻，洛克菲勒也感到心中忐忑，他想要放弃，却又不能下定决心。思来想去，他最终下定决心一定要赢得拍卖，而且告诉自己必须勇往直前，不能退缩。在巨大勇气的支撑下，洛克菲洛最终以7.25万美元的价格，赢得了这家石油公司。很多人听到洛克菲勒的这种行为，都觉得洛克菲勒一定是疯了，所以才会花这么多钱购买这样一家濒临破产的公司。然而，事实上，洛克菲勒正是因为收购了这家公司，后来，才能够成为石油行业的龙头老大，也让自己的事业攀升到巅峰。对此，洛克菲勒说拍卖就像赌博一样，也许需要你押上全部的身家，但是最终你会赢得整个人生。

洛克菲勒不但自己富有勇气，在对孩子展开教育的时候，也总是鼓励孩子们要敢于冒险，勇敢无畏。洛克菲勒的儿子约翰在年轻的时候特别热衷于炒股，而且向洛克菲勒借钱作为投资股市的资本。约翰拿着从爸爸那里借来的钱在股市上闯荡，因为担心自己会输掉本金，所以总是提心吊胆。当知道约翰的顾虑之后，洛克菲勒鼓励约翰，告诉他借钱并不是一件糟糕的事情，很多大富翁都是通过借钱才赚取了人生的第一桶金。在父亲的鼓励下，约翰再也不忐忑，而是在股市里勇敢地前行，在事业上也大刀阔斧地前进，最终有所成就。

少年们，人生就是一个不断冒险的过程，没有人生来就拥有万贯家财，也没有人生而就不需要付出任何努力。在不断冒险和前进的过程中，我们付出了很多，也赢得了很多，也许有失败，但是失败同样能够带来人生的经验。

从本质上而言，人生就像是一场赌博，只有敢于下注，敢于赌上自己所有的身家性命，才有可能赢得更多。一个人如果没有勇气付出自己的全部去作为赌注，那么他即使赢了，也只能赢得空头支票，不可能获得实质性的成功。

对于每个人而言，生命都是神奇的。要想在生命中有所成就，就一定要敢于冒险。实际上，人生之中风险无处不在，有人觉得坐飞机是非常危险的事情，因为脚不沾地只悬浮于天空之中。而实际上，不管是乘坐火车还是汽车，同样具有一定的危险性，如果因为一些事情非常危险就故步自封，再也不敢去尝试，那么在这种情况下又如何能够突破自我，激发自己所有的潜能和力量呢？

对于每个孩子而言，学会自我保护，稳妥地做事情固然是应该具有的能力，但是在人生的很多情况下，冒险也是必不可少的。也许冒险不仅能为我们赢得梦寐以求的结果，但是不管在什么事情之中，不管在什么时刻之下，人们都会选择用冒险来突破自我，从而打破现在所处的困境，让人生有更好的发展。不得不说，在人生之中有机遇的地方就存在着一定的风险，正如很多精通经商之道的人常说的，高收益必然伴随着高风险，所以在危机面前，我们一定要权衡利弊，要知道付出和收获之间的关系。

记住，这个世界上没有稳赚不赔的买卖，尽管冒险了未必能够获得成功，但是如果不冒险也许就会彻底与成功失之交臂，所以我们既要稳妥地把握人生，也要拥有冒险的勇气，这样才能更加接近成功。退一步而言，冒险也许不会让你失去所有，却有可能让你赢得整个世界。从这种意义上而言，人生的价值也正体现在冒险上，也只有敢于冒险的人才能够在成功的道路上越走越远。

细心的孩子会发现，古往今来很多伟大的人之所以有所成就，就是因为他们拥有敢于冒险的精神。在冒险的过程中，他们不断地突破自我，创造出伟大的成就，所以才能够获得人生的一次次惊喜，才能够在奔向成功的过程中实现自身的价值。

由此可见，一个人要想变得卓尔不凡，要想拥有独特的成就，就一定要消除自己身上的胆小怯懦，才能够踏上冒险的征程。很多男孩尤其喜欢冒险，因为他们富有探索精神，也非常勇敢，相比之下女孩的冒险精神则相对较弱，对此，女孩儿也要有意识地调整自己的心态，认识到人生的本质是冒险，这样才能够在机会到来的时候，坚定不移地抓住它，哪怕承担一定的风险，也不放过能够收获更加充实美好的人生的机会。

## 克服怯懦，勇敢应该是青春的代名词

乔伟从小就命运多舛，他小小年纪就因为一场车祸失去父亲，后来不得不和妈妈相依为命。他们生活得很艰难，但是妈妈很爱乔伟，从来没有让乔伟受到过任何委屈。妈妈总是竭尽所能给乔伟更好的生活条件，其他孩子有的玩具，乔伟也都有。但是爸爸的突然去世，让妈妈陷入了巨大的债务困境之中，为了偿还爸爸生前留下的债务，妈妈只好忍痛卖掉房子，带着乔伟去一个偏僻的乡村生活。尽管乔伟只有5岁，但是他已经能够感受到自己的心灵中充满了忧愁。每当看到其他父母把孩子拥抱在怀中疼爱，乔伟总是问妈妈：“爸爸去哪里了？”对于这样艰难的现状，乔伟越来越自卑，他不想再走出家门，整日把自己封闭起来。妈妈觉察到乔伟的异样，总是给予乔伟最大的鼓励。乔伟很懂事，为了让妈妈放心，他强迫自己走出家门，过正常的生活。然而在其他孩子的嘲笑和讽刺中，乔伟最终还是退缩了，哭着跑回家。

看着乔伟的模样，妈妈第一次对他大发雷霆：“你作为男子汉，如果没有勇气去面对这一切，那么你就是个胆小鬼，我可不想要一个胆小鬼当儿子。”说完这句话，妈妈就怒气冲冲地走到房间里，把门关上。妈妈的话始终回响在乔伟耳边，尽管他心中依然有很深刻的恐惧，不想再面对其他孩子无情的嘲笑和讽刺，但他还是勇敢地走出去，郑重其事地把自己介绍给那些嘲笑他的小朋友，并且主动伸出手表示要与他们成为真正的好朋友。就这样，乔伟把自己推销出去了，从一个被其他小朋友排挤的人变成了处处受欢迎的人。乔伟的脸上挂着友善而又坚定的笑容，他的性格变得更加坚强勇敢。从此之后，哪怕在生命中遇到很大的困境，他也没有因为恐惧而退缩过。后来，乔伟在人生中获得了伟大的成就。

恐惧，很多时候来自陌生未知的事物，即使是勇敢的孩子，在面对未知的一切时，也常常会感到无奈，感到害怕。如果孩子从小生活在小地方，没有见过大的世面，也缺乏人生的经验，他们就更容易发生胆怯的行为。在恐惧的影响下，很多孩子甚至会选择放弃努力。他们不知道的是，他们虽然放弃了失败，却同时也放弃了成功。当一个人把自己封闭起来，与外界彻底隔离，还有什么可能获得成功呢？实际上，成功尽管不是一蹴而就的，也不是绝不可能获得的，每个人都要勇敢地战胜对失败的恐惧，砥砺前行，才能够在人生中改变怯懦的状态。

对于孩子这样的现状，父母其实承担着不可推卸的责任。明智的父母不会给孩子无微不至的照顾，而是在陪伴孩子成长的过程中，为孩子提供更多的机会，让他们能够独立自主地去作出选择和决定。在这样的过程中，他们才能渐渐地消除怯懦，从而让自己变得更加勇敢、坚定。相信没有任何父母愿意让自己孩子平庸无能，一生碌碌无为，那么，如何才能让孩子最大限度地创造人生的价值，取得伟大的成就呢？

从现在开始，父母也要变得勇敢一点，对孩子勇敢地放手，孩子才能勇敢地去战胜内心的胆怯，让自己成为勇气爆棚的真正强者。记住，每一个成功者都是在经历无数次失败的打击之后，才能够获得成功的。例如，伟大的发明大王爱迪生之所以能够发明电灯，仅仅是灯丝材料就尝试了一千多种，并且进行了七千多次试验。如果爱迪生不是这么坚韧不拔，整个世界可能会再延迟一段时间才会有灯光。

由此可见，最可怕的不是失败，而是在失败之后一蹶不振。只有真正的强者，才能踩着失败的阶梯不断向前，才能在失败的道路上奔向成功。

## 内心畏惧、自卑的时候，更要征服自己

比尔·盖茨说：“所谓机会，就是去尝试新的、没做过的事。可惜在微软神话下，许多人要做的，仅仅是去重复微软的一切。这些不敢创新、不敢冒险的人，要不了多久就会丧失竞争力，又哪来成功的机会呢？”微软只会青睐那些敢于冒险、相信自己判断的人，因为只有勇于挑战自我，才能塑造充满勇气的自信人生！在人生的道路上，我们会遇到各种各样的对手，假如我们想要征服别人，那首先要征服自己。

一个男人在街上推着婴儿车，小家伙在车里哭闹不止。男人低声说道：“约翰，千万别着急，千万别生气，会好的，就会好的。”

一个女人看到了很是感动，上前说道：“先生，你真伟大，能这么温柔地跟孩子说话，男人很少有像您这么又体贴又有爱心的。”

然后她俯下身，对孩子说：“约翰宝宝，别哭了，你爸爸多爱你呀。”男人说：“对不起，我想您误会了，其实我才是约翰。”

人生中，你才是自己最大的征服对象。假如你想让事情发

生改变，首先要使自己发生改变。如果你想征服别人，那首先要征服心中的自己。当你内心变得畏惧、自卑的时候，更要懂得征服自己。

戴高乐将军曾说：“眼睛所看到的地方，就是你会到达的地方。唯有伟大的人才能成就伟大的事，他们之所以伟大，就是因为他们决心要做出伟大的事。”凡是成功者都具备一个共同特征，那就是自信，每一次的成功都会使他们很快地树立自信心，成功机会越多，他们的自信心就越强。成功的第一秘诀就是自信，如果自己都不相信自己，那么别人更不可能相信你。

少年们，对于胆小的人，他所需要征服的是内心的怯弱。成功大师拿破仑·希尔曾说：“一个人一生中唯一的限制就是他内心的那个限制。”那么，如何突破内心的那个限制呢？当然是勇气，只有勇气才能战胜自我。

当你鼓起勇气向前，你就会发现许多门都是虚掩着的。当暴风雨来临，勇敢的水手总是满怀着生存的希望，不断激励自己，不管风浪多么可怕，他们总能坚持下去，最终平安归来；而那些胆小的水手，早在暴风雨来临之前，就失去了生存的勇气，他们最终以失败告终。我们需要勇气，生活需要勇气，勇气是光明的使者，它能将人从黑暗的泥沼中拉出，帮助我们战胜困难，赢得最后的胜利。

# 第四章

# 勤能补拙，青少年要保持勤奋和努力才能成才

## 勤能补拙，世界上没有什么可以不劳而获

小学三年级才刚刚开学，乐乐就因为腿部骨折，在家休学一年。不过他并没有留级，而是跟着同学们一起升入四年级。众所周知，三年级在小学阶段是关键的转折时期，乐乐丢下了三年级的课程，压力还是很大的。在受伤的腿恢复了一段时间之后，妈妈就开始在家里给乐乐上课，不过妈妈只能给乐乐补习语文和数学，对于英语的学习妈妈则没有把握。因为妈妈担心自己会误导乐乐的英语学习，所以一开学就给乐乐找了一个老师补英语。

四年级开学之初，乐乐在语文和数学上的表现都很好，但是因为英语的学习落下了一整年，所以他学习英语非常吃力。他不但要跟随学校的老师学习四年级的课程，还要跟随补课老师补学三年级的课程，可想而知真的压力山大。一开始，乐乐的确感到非常苦恼，也感觉非常疲惫。后来，补课的老师为乐乐捋清楚思路，还帮助乐乐一起制订了详细的学习计划。看着原本庞大的学习任务被分解为一个一个小阶段的目标，乐乐觉得心中轻松起来。老师语重心长地对乐乐说："虽然学习的任务很艰巨，但是我们要一点一点地去学习。不要想着你有那么多的任务需要完成，你只要每天按部就班地完成当天的学习任

务，到最后你就会发现自己不知不觉间就像愚公移山一样搬走了一座大山。”

乐乐觉得老师说得很有道理，因而很愿意按照老师说的去做。每天他都把老师布置的任务完成得很好，果然在经过一段时间之后，他不知不觉就学完了三年级的课程，而四年级的课程也在老师的指点下有所提升。这次补课不但帮助乐乐掌握了三年级的课程，成功衔接四年级的课程，而且让乐乐领悟到一个深刻的道理，那就是唯有勤奋，才能做到愚公移山。

的确，对于孩子们而言，当突然之间面临巨大的学习压力，他们往往会感到心力交瘁。在这种情况下，父母不要总是给孩子过大的压力，而是可以帮助孩子一起制订明确的学习计划，从而把庞大的学习任务分解成一个个小阶段的目标和任务。这样一来，孩子们只要按部就班地完成当天的任务，就可以最终完成整个学习任务。实际上，这种方法是非常有效的。

在国际马拉松比赛上，日本的山田本一选手身材矮小，却连续两次获得世界马拉松冠军，这是因为他有一个诀窍。每次跑马拉松之前，山田本一都会把马拉松的整个赛程划分为一小段一小段的路程。在这种情况下，他很快就能够跑到一段路程的终点，从而给自己一定的鼓励。接下来，他又鼓足力气继续奔跑下一段路程，这与把马拉松的终点作为遥远目标的选手相比，占据了优势。显而易见，山田本一在奔跑的过程中不断地得到鼓励，也不断地认可自己的能力，所以他才能够持续保持较快的速度和对奔跑的热情，获得冠军。

不管是对于孩子而言，还是对于成人而言，懒惰都是一种极其恶劣的生活习惯。懒惰的人在生活中很难精力充沛地面对一切，他们在遇到小小的困难时就会马上想要放弃，在遇到自己不想做的事情时，还会绞尽脑汁寻找各种各样的借口，不断地推脱。在这样的过程中，他们越来越懒散，在生活中的表现也越来越糟糕。可想而知，他们最终不但白白地浪费了时间，让生命悄然地流逝，也毫无收获，让自己在人生中变得越来越被动。

古人云：勤能补拙是良训，一分辛苦一分才。古往今来，大多数有才华的人并非天赋异禀，而是因为他们拥有超强的自制力，能够督促自己保持勤奋努力。他们知道凡事都不能等到明天，应该在今天把该做的事情做完，因为明天还有明天要做的事情。换而言之，只有每天都完成当日的事情，人们才能不断地接近成功。如果说命运是不公平的，那么命运只会青睐那些勤奋、踏实、努力上进的人。相反，一个人如果总是慵懒懈怠，不愿意付出努力，那么他最终将会受到命运的惩罚。

现实生活中，很多孩子都被教育今日事，今日毕，然而在实际的生活中，他们很难做到这一点。很多孩子本身的性格就是慢性子，而且他们又喜欢拖延，因而总是把当天要完成的事情推到明天。他们每天都忙着应付时间，被时间追赶，却从来不为自己制订明确的目标和计划，这样做的结果只能是白白地浪费生命，导致时间悄然流逝。等到人生已经过半，蓦然回首，却发现自己依然一事无成。显而易见，这样的人生是大家都不想要的。

孩子们一定要从小就养成良好的时间习惯，从而在给自己制订人生规划的时候做到珍惜时间，绝不拖延。

## 在学习中不断地努力付出，才有可能有所成就

高考后，雅丽没有考上心仪的大学，为此她决定复读一年，继续拼搏。父母也很支持雅丽，希望雅丽最终能够考上理想的大学，也能够拥有成功的人生。在父母的支持下，雅丽非常勤奋，虽然暑假到来，但是雅丽没有休息一天，而是继续学习。她还主动请求爸爸妈妈为她报了补习班，每天天刚亮就起来去上课，直到天黑才回家。就这样，经过一个暑假的努力，雅丽复读的时候在班级里名列前茅，成为学习上不折不扣的佼佼者。

和雅丽恰恰相反，同桌小雪也没有考上理想的大学，但是小雪并不想复读，她只想去打工挣钱。尽管在父母的强迫下，小雪不情愿地选择了复读，但是小雪对于学习并不用心，甚至不如前一年读高三时那么认真。每当看到雅丽苦读，小雪总是对雅丽说："不上学也有好处，还能早一点挣钱呢，没有必要这么辛苦！如果明年还是考不上大学，咱们一起去打工，那有多好！"雅丽对此不以为然，她常常劝说小雪要用心读书，将来才能有好的人生。小雪对雅丽的话也从来听不进去，

就这样，原本学习成绩相差不多的雅丽和小雪在复读的一年时间里，成绩变得悬殊巨大，雅丽最终顺利地考上了自己心仪的大学，而小雪连个专科都没有考上，倒是如愿以偿地去外地打工了。

几年之后，雅丽大学毕业选择去一家外企工作，成为不折不扣的白领。这个时候，小雪因为在打工的时候表现突出，在公司也得到提升，所以小雪赚的钱并不比雅丽少。为此，小雪还沾沾自喜地说："我虽然没有读大学，却比雅丽积累了更多的资金。"时间又过去五年，这个时候小雪已经不能与雅丽同日而语了。原来，雅丽在工作上表现良好，被领导提拔为中层干部。而小雪呢，却被那些后来的年轻女孩所替代，只能在最普通的岗位上蒙混度日。此时此刻，小雪懊悔不已，然而为时晚矣。

人们常说磨刀不误砍柴工，对于雅丽而言，她虽然在学习上花费了更多的时间，但是努力提升自己之后，她在人生之中有了更好的发展。相反，小雪为了一时的安逸，为了暂时逃避学习，宁愿去打工也不愿意复读，不但浪费了宝贵的一年时间，而且没有考上理想的大学，最终也因为缺乏知识的储备在职业生涯的发展上缺乏动力。渐渐地，小雪失去发展的后劲，不得不屈服于现实，也走上了人生的下坡路。

每个孩子都应该对自己的人生有详细的规划，也应该意识到学习就是给自己加油和充电的过程。只有在学习的过程中不断地努力付出，才有可能在学业上有所成就，才能够为自己的人生做铺垫。否则，如果在学习上总是三心二意，不愿意努力，那么最终就会因为懈怠导致人生发展失去动力，也使得自己陷入困境和被动之中。

细心的孩子们会发现，古往今来每一个有所成就的人，无一不具有勤奋的特质，也许他们并没有出类拔萃的天赋，也没有不同寻常的能力，但是恰恰是勤奋，让他们变得脱颖而出，也让他们真正实现了出色。伟大的科学家居里夫人曾经说过，只有勤奋的人才能获得成功，而懒惰和愚蠢只会让人与失败纠缠不休。每个孩子如果都能够严格自律要求自己坚持勤奋，那么他们无疑已经走上了成功的道路。大名鼎鼎的爱因斯坦也曾经说过，勤奋是世界上所有成就的催生婆，如果没有勤奋，世界也就没有这么多的成功；如果没有勤奋，每个人都会陷入碌碌无为之中，根本不可能创造个人的成就。从这个角度而言，每一个孩子都应该更加努力。勤奋，尤其是在小时候就要养成勤奋用功的好习惯，从而把懒惰、懒散、放纵、消沉，赶得远远的。当我们的心灵被积极向上的思想所占据，我们就能够表现出努力积极的行为，也能够让自己变得与众不同，出类拔萃。

在历史上，有很多非常伟大的人物尽管天资不高，但都特别勤奋，诸如曾国藩。有一天，曾国藩来到书房里读书，开始背诵一篇文章。他背诵了很多遍，但是都没有熟练地记下来。曾国藩不知道的是，在他来到书房背书之前，有一个窃贼潜入了书房想要行窃。因为曾国藩一直在背书，所以这个窃贼只能躲在房梁上不敢下来。他原本想等到曾国藩背书之后离开再下来行窃的，没想到曾国藩背诵了很多遍，始终没有把文章背诵下来。为此，曾国藩一直在书房里苦读，窃贼等得着急了，直接从房梁上跳下来，对着曾国藩怒吼："你这么笨，为什么还要读书呢？这篇文章我都可以倒背如流了！"说完，这个窃贼就气愤地扬长而去。的确，也许曾国藩记忆力不是很好，但是他非常勤奋，所以他最终取得了伟大的成就。那个窃贼可能比曾国藩的记忆力更好，也更聪明，但是他选择错了人生的方向，把勤奋用在了错误的地方，导致穷尽一生也只能成为一个见不得天日的窃贼，根本没有任何成就，反而被人们所唾弃。

由此可见，一分努力，一分收获，任何时候，我们都要坚持不懈地努力，才有可能获得成功。也许有些孩子会说，很多时候，即使努力了，也没有收获。的确，努力与收获之间并非呈绝对的正比关系。也许努力了，也没有收获，但是如果不努力，就注定了毫无所获。在这种情况下，我们当然要更加努力，才能够逐渐接近成功。

## 辛勤努力，是走向成功的基本条件

哲人认为一个人的成功跟他是否勤勉有重要关系。如果一个人是勤奋的，那么他就拥有了成功的机会；如果一个人是懒惰的，那么他就一定不会成功。他们通常认为，勤勉和成功是相辅相成的，经常会有很多人因为自己的勤勉而成功，但却很少有人因为懒惰而成功。虽然你的勤劳并不一定会给你带来成功，但是无论如何，每个人都要辛勤工作，因为这是走向成功的最基本条件。

哈德良皇帝看见一个老人正在努力工作，他在种植无花果树。于是，他问老人道："你是否期望自己能够享受果实呢？"

老人回答说："如果我不能活到吃无花果的时候，我的孩子们也将会吃到。或许上帝会因此特赦我。"

"如果你能够得到上帝的特赦，吃到这棵树的果实，那就请你告诉我。"皇帝对他说。

随着时间的逝去，果树果然在老人的有生之年结出了果实，老人装了满满一篮子无花果去见皇帝。见到皇帝，他说："我就是你看见过的那个种无花果树的老人，现在无花果成熟了，这些无花果是我的劳动成果。"

皇帝命他坐在金椅子上，把他的篮子里装满了黄金。可皇帝身边的仆人表示反对："您想给一个老犹太人那么多荣誉吗？"

皇帝回答说："造物主给勤劳的人以荣誉，难道我就不能做同样的事吗？"皇帝说得很对，上帝和人们通常都是把奖赏给那些勤勉的人。因为老人的勤劳，所以他得到了上帝的特赦，在自己有生之年吃到了无花果。在西方人看来，懒惰将会使一个人一事无成，所以他们选择了勤勉，只有勤勉的人才会尝到胜利的果实。

哲人这样劝告世人：“最难受的工作是无所事事，最愉快的工作是人们忙于工作。”大多数成功者崇尚工作，他们十分讨厌整天无所事事，到处游走，那是令他们觉得很难受的事情，而整天勤勉甚至紧张的工作才是他们所喜欢的。成功者的生存之法就是培养自己勤勉的习惯，因为这是成功的关键。

韩愈也曾经说：“业精于勤荒于嬉，行成于思毁于随。”一个人要想成就一番事业，一定要守住“勤”字，忌掉“惰”字。面对你的生活或者事业，你用什么样的态度来付出，就会得到什么样的回报。

少年，如果你以勤付出，回报你的也必将是丰厚的硕果。相反，那些懒惰的人，生活是不会赐予他任何东西的。懒惰的人是思想上的巨人、行动上的矮子。如果你懒惰地面对你的人生，那么其实就是把自己的生命一点点送入虚无。一个成功的人，是不会让懒惰有任何机会的。每个人都要时刻提醒自己：“成事在勤，谋事忌惰。”

## 要懂“唯有埋头，才能出头”的道理

生活中，任何一个有所成就的人在走入社会时都懂得唯有埋头、才能出头的道理。即使自己拥有著名学府的背景，也要抛开身份的顾虑，踏踏实实地做事。

人是社会动物，同处于一个社会中，不管你是否承认，凡有人的地方就会讲等级、分层次。

社会上有不少这样的人：千金小姐不愿意与保姆同桌吃饭，博士不愿意当基层业务员，高级主管不愿意主动去找下级职员，知识分子不愿意去做体力工作……他们画地为牢、故步自封，将失去无数的大好机会。

其实这种“身段”只会让人的路越走越窄。这并不是说有“身段”的人就不能有得意的人生，但在非常时刻，如果还放不下身份，就会使自己无路可走。

20世纪70年代初，美国麦当劳总公司看好中国台湾市场，准备正式进军台湾岛。他们需要在当地先培训一批高级干部，于是公开招考甄选。因为要求的标准颇高，很多有志的青年企业家都未通过。

终于，经过一再挑选，一位叫韩定国的公司经理脱颖而出。轮到最后一轮面试，麦当劳总裁与韩定国夫妇谈了三次，而且问了他一个出人意料的问题：“如果我们要你去洗厕所，你会愿意吗？”

当时，韩定国在企业界已经小有名气，要他洗厕所，岂不太侮辱人了吗？他还在深思时，一旁的韩太太幽默地回答：“我们家的厕所一向都是他洗的！”

麦当劳总裁一听非常高兴，当场拍板录取了韩定国。麦当劳总裁认为，一个成功的企业家不仅要能干大事，小事也应干得很利索。

韩定国后来才知道，麦当劳训练员工的第一课就是从洗厕所开始的，因为服务业的基本理念是“非以役人，乃役于人”，只有先从卑微的工作开始做起，才有可能了解“以客为尊”的道理。

洗厕所的工作只是麦当劳正常的员工培训内容之一，不分种族肤色，在世界范围内通行。中国的大男人韩定国一开始难以接受，他把它严重化了，甚至上升到“折辱”的境地。这大可不必，做些清洁善后工作也是工作人员应尽的责任，一个人的层次，并不是由做不做这些小事来界定的。

许多人在步入社会的初期都拥有远大的抱负，一心只想一鸣惊人，而不去做埋头耕耘的工作。等到忽然有一天，他们看见比他们起步晚的，比他们天资差的，都已经有了可观的收获，他们才惊觉到自己这片园地上还是一无所有。他们这才明白，不是上天没有给他们理想或志愿，而是他们一心只等待丰收，忘了播种。

一个人要想有所作为，首先要从清理思想、改变观念开始。如果本是穷人、新人还要“穷摆谱”，那么机会是不会主动光顾他的。能放下身段的人，他的思考富有高度的弹性，不会有刻板的观念，而且能吸收各种信息，形成一个庞大而多样的信息库，这将是他的本钱。

纵观中国这几十年的变化，可以看到，在改革开放后，中国的角角落落都活跃着一群群浪迹天涯、不辞劳苦、精明肯干的温州人。最初他们并不起眼，人们只是从修鞋店、小发廊、小商贩中认识他们的。而他们除了江南人的那股瘦小和灵秀外，总是默默地干活、做生意，他们与其他地方的民工、商贩没有什么两样。但是，慢慢地，温州发廊、温州服装店、温州电子城、温州产品越来越多，各种温州产品包装、标牌、证书、徽章也越来越多。一时间，温州货充斥全国。渐渐地，人们对温州人由漠视、不屑到兴趣十足，到惊奇钦羡，到仔细探究：温州人咋的啦？这么多人，这么会赚钱！

他们做生意注重从小处着手，也非常能吃苦，意志非常坚韧，用他们自己通俗的说法是既能当老板，又能睡地板。他们务实苦干，只要有一分钱赚就会不遗余力地去干，从不好高骛远，从不好大喜功。即使是生意已经铺得比较大，温州商人仍会像初创时期一样拼命工作。那些看起来没什么钱赚的小生意，他们也不会嫌弃，往往是几分钱的螺丝螺帽、几角钱的小元件，他们都会认真对待，把小生意当作事业来筹划。他们敢闯，但不乱闯。在积累财富的过程中，他们非常耐心，一步一个脚印，不妄想一夜成为富翁；一旦看准某项业务，就会扎下根来，踏踏实实地赚钱。

在大人物眼里，职业没有高低贵贱之分，能否赚钱才是最主要的。正因为如此，中国的温州人才四处闯荡，占据了本地人不屑一顾的那些领域，不声不响地富了起来。他们追求自主、自立，人人都想当老板，且敢冒当老板的风险。他们不论干什么，生活中总充满乐趣，而且敢于开创、善于开创，洒脱、顽强，从不对现实感到失望。

很多人在做事或经商时心态都很急躁，总是希望一竿子下去，立即打下红彤彤的枣来，在通往成功的道路上，他们所缺乏的不是资金、机遇、胆识，而是态度。

古人说："唯有埋头，乃能出头。"种子如不经过在坚硬的泥土中挣扎奋斗的过程，它将只是一粒干瘪的种子，而永远不能发芽长成一棵大树。

少年们，埋头做事，就是要面对现实，面向未来，顺从规律，服从大势，不做拔苗助长的蠢事。扎扎实实，一步一个脚印地走；循序渐进，一步一步登上事业的巅峰。

## 戒除懒惰，要让人生动起来

常言道，好吃莫若饺子，舒服莫若躺着。人的本能是趋利避害，每个人都想做对自己有利的事情，而不愿意做对自己有害的事情，更愿意享受，而不愿意辛苦地付出。在这种情况下，懒惰就成为了人生的头号公敌。很多人在成长的过程中都会不由自主地养成懒惰的坏习惯，也导致自己越来越萎靡不振。要想让人生动起来，精力旺盛，就一定要战胜懒惰，要把每一分精力都用得恰到好处，这样才能最大限度地发挥精力的效用，让人生变得精彩。

当然，好习惯的养成需要漫长的过程，要想戒掉坏习惯，同样是很难的。一旦养成了懒惰的坏习惯，就要战胜自己的本能，也要让自己更加全力以赴。古人云，“生于忧患，死于安乐”，这正告诉我们在安逸的环境中，人是很容易变得颓废沮丧的，也会因为过于安逸舒适而导致斗志消磨。但是忧患的环境，能够让人更加全力以赴去拼搏，努力地突破和成就自己，这才是最重要的。不得不说，人的劣根性很厉害，这种本能的力量让人很难战胜，因此我们一定要擦亮眼睛，提升自己的能力，这样才能在与各种糟糕本能做斗争的过程中，占据上风。

大学毕业后，小米和小叶这对好闺蜜就分道扬镳了。小米回到家乡，在父母的安排下当了公务员，每天上班就是喝茶看报纸，日子过得简直太悠闲。而小叶呢，则背起行囊去了大城市打拼，在大城市里四处奔波，努力奋斗，好不容易才把工作安稳下来。当小米已经在家里张罗着结婚的时候，小叶还住在一间狭窄局促的地下室里，根本不知道如何才能改变自己的现状。但是，小叶没有放弃努力，而是始终坚定不移地向前，全力以赴地拼搏。

十年后，小米整个人都进入了养老退休的状态，每天就是接送孩子上学，然后去办公室喝茶，工作的节奏非常缓慢，一个星期也干不了一天的活儿。而小叶呢，看起来神采奕奕，精神昂然，她完全不像是三十多岁的女人，因为精明干练的气质和坚决果断的作风，看起来更比大学时期多了几分飒爽的风姿。小米和小叶见面的时候，很难有人相信她们是同龄人，而且曾经是同学。小米养尊处优，虽然整个人状态也不错，但是她却看起来没精打采，似乎生活没了奔头一样。而小叶呢，则正当人生的好年华，说起话来都带着风，走起路来更是精神抖擞。

小米和小叶为何会有这么大的反差呢？小米养尊处优惯了，生活处于停滞的状态，因此整个人都很倦怠。但是小叶则习惯于一直努力拼搏，始终都在坚持不懈地努力上进，因此小叶整个人都很挺拔，就像是一棵青松一样生长，挺拔于云霄。

人是好逸恶劳的动物，很容易就会沉迷于舒适的生活之中，不愿意继续努力。那么，要想获得成长，要想不懈地进取，人就要战胜劣根性，让自己更加勤奋，生命也会因此而熠熠闪光。

有人曾经说过，懒惰是万恶之源，因为懒惰是一个可怕的病毒，它能侵蚀人的心灵。因此，我们要时时刻刻提醒自己戒除懒惰，也要全力以赴驱赶懒惰，这样才能让人生变得更加有动力，也才会让人生有无限美好的前景和未来。当然，克服懒惰不是喊一喊口号就能做到的，而是有技巧的。首先，要保持进取之心，这样才能不断地推动自己努力成长，也以进取心驱散生命历程中的很多坏习惯，让人生拥有更加肥沃的土壤。其次，要学会肯定自己，不要总是拿自己的缺点和别人的优点进行比较，否则就会导致自己失去信心，也会使自己在成长过程中陷入困境。再次，还要制定详细周密的计划。前文说过，人的本能就是好逸恶劳，因此要想战胜懒惰，还要用计划来指导自己，让自己按部就班做好很多事情。最后，要为自己营造良好的学习环境，养成终身学习的好习惯。

少年们，现代社会，知识更新换代的速度非常快，因此很多大学生一旦走出大学校园，在学校里所学的知识就已经不那么紧跟时代和潮流了，在这种情况下，就要始终保持学习的好习惯，从而才能让自己更加努力进取，始终保持积极向上的姿态。

总而言之，人生的时间和精力都是有限的，任何时候，我们都要把最好的精力用在最重要的事情上，而不要总是荒废时间和精力，导致自己的人生陷入困顿之中，无法获得成长和发展。有人说，你把时间用在哪里，哪里就会开花，那么你就要把时光和精力用在人生中最重要的事情上，从而让人生以最精彩的姿态绚烂绽放！

# 第五章 克己慎独，青少年要懂得自律才能主宰人生

## 克己慎独，拥有超强的自制力

元代大名鼎鼎的教育家、思想家许恒不但在学术方面独有建树，还在朝廷中担任重要的职务。许恒总是宽以待人，严于律己，尤其是在对待学生时，就像对待自己的孩子一样亲切关爱。然而，许恒对自己的要求非常严格，哪怕是在没有外界力量约束的情况下，许恒也拥有超强的自制力，从而保证自己无论在怎样的环境中，都是言行一致的君子。

有一个夏天，骄阳似火，局势动荡不安，很多人都逃离生活的地方，去其他地方避难。因为长途跋涉，每个人都又渴又饿，许恒作为文人体力更差，在走了一段时间的路之后，他满头大汗，面色苍白，浑身都疲倦无力。正当大家准备原地休息的时候，突然有人喊道："前面有梨树，满树都是大大的梨子，可以摘着吃！"大家闻讯全都急匆匆地赶到前面去摘梨子吃，只有许恒依然按照原计划坐在原地休息，不为所动。

有一个人很惊讶，问许恒："前面有梨园，你为什么不去摘梨子吃呢？"听到这样的提问，许恒依然坐在那里纹丝不动，他正气凛然地说："这些梨树肯定是有主人的，我们不能在主人不在的时候，偷偷地摘梨子吃。"听到许恒的话，那个人不由得嘲笑许恒："你可真是个书呆子，读书都读迂了。如今人命都难以保全，主人早就逃离了这个地方，哪里还顾得上他的梨子呢？”许恒当然知道这些梨树的主人可能早就不知所踪，但是他依然坚持自己的原则。这些梨树尽管眼下没有主人来看护，但并不意味着它们是无主的财产。想到梨树的确是有主的，许恒坚决不能把它们视为没有主人的梨树去任意采摘。

最高境界的自律，就是克己慎独。在这个事例中，许恒明知道梨树的主人并不在当地，也知道这些主人短期之内不会回来照顾梨树，但是他依然按照原则要求自己，绝不轻易地放松标准。不得不说，许衡的自律力量是非常强大的。正是因为有这种力量的约束和督促，他才能够在学术上做出伟大的成就。

一个人如果在外界有约束力的情况下能够管理好自己，这不足为奇，因为人是群居动物，每个人都很在乎他人对自己的意见和评判。在这种情况下，他们管理好自己，也是必然的。但是，如果一个人在没有外人见证和约束的情况下，依然能够克制好自己，绝不轻易地放松对自己的要求，更不任由自己做出违背原则和理性的事情，那么这样的自律力才是更强大的，才是真正的自律。

在现实生活中，每个人都肩负着多重角色。一个女人，既是妻子，也是母亲，还是女儿；一个男人，既是丈夫，也是父亲，还是儿子。这只是他在家庭中的角色，在职场上，他还会肩负着更多重的角色。在这种情况下，可想而知，一个人要想真正活得明白透彻是很艰难的。尤其是当不同的角色都面临各种诱惑和欲望的时候，很多人都容易放弃自己，做人做事的原则偏离内心的轨道，甚至让人生因此而陷入困境。那么作为新时代的人，作为未来社会的栋梁，孩子们又该如何增强自律，拥有更好的未来呢？

孩子们一定要做到以下几点：

首先要收敛自己的本性。人有很多的劣根性，我们在众目睽睽之下要管理好自己，而在没有人监督的时候，我们同样要管理好自己，约束自己，不要让自己肆意妄为，尤其是不要打破自己对规则的遵守。很多孩子在想放纵的时候，会安慰自己说“只放纵这一次”。实际上，正是这一次的放纵，就会导致严重的后果，更会让他们的欲望极度膨胀，导致他们后来无数次违背规则，做出逾矩的行为。

其次，孩子还要做到表里如一。很多孩子都是非常聪明的，能审时度势，根据外界的情况来调整自己对待外界的方式与方法。这如同双面人一样的表现，对于孩子的成长绝没有好处。每个人都要言行一致，表里如一，而不要当着别人面一套，背着别人面一套，做一套，说一套，否则就会让自己的思维和认知混乱。

最后一点，就是一定要宽以待人，严于律己。很多人恰恰把这件事情做得颠倒了，那就是对待自己非常宽容，而对待他人却非常严格。所谓宽以待人，实际上就是对待他人宽容，而严于律己，则指的是犯错误的时候不要总是无限度地原谅和宽容自己。

实际上，一个人如果想要原谅自己，是很容易找到理由的，但是这样的做法并不理智。明智的人一定会做到克制自己，严格要求自己，否则一旦放松对自己的要求，就会导致放弃很多原则。

所以孩子们尽管年纪还小，却依然要严格要求自己，这样才能够让自己的成长遵循一定的原则，也让自己的每一步都走得踏踏实实、稳稳当当。

## 珍惜宝贵的时光，才能够创造人生的价值

对每个人而言，时间都是非常重要的。正如大文豪鲁迅先生曾说过的，时间是组成生命的材料，浪费别人的时间无异于谋财害命。其实，每个人既不能浪费别人的时间，也不能浪费自己的时间。人生是一场没有归途的旅行，没有人知道自己的人生将会在何时戛然而止，因此生命就显得尤其珍贵。在这种情况下，我们更要珍惜宝贵的时光，这样才能够创造人生的价值，才能让自己的生命更加充实和有意义。

生活中很多孩子都不能理解时间的重要性，很多父母在教育孩子的过程中也往往忽略了对孩子时间意识的培养，实际上时间关系到孩子生活和学习的方方面面。如果孩子能够养成珍惜时间的好习惯，就能够有效地利用时间，也能够对时间进行合理有效的安排。在这种情况下，时间当然会对孩子的成长和发展起到更加积极有效的推动作用。

孩子为何不懂得管理时间呢？这是因为他们对于时间还没有明确的意识。成人之所以珍惜时间，恨不得把每一分每一秒都利用起来，这是因为成人已经意识到时间的宝贵，也知道时间对于生命来说是不可替代的。但是在很多孩子的心目中，时间就像是他们已经玩腻的玩具，可以随时丢掉，丝毫不懂得珍惜。虽然孩子对时间的观点并不正确，但是孩子这种想法是基于自己的感觉产生的，所以不应该受到指责。作为孩子，在我们意识到自己不够珍惜时间之后，就应该积极主动地改变这种心态，无论如何，时间对于每个人而言都是至关重要的，也是值得珍惜的，每个人都应该珍惜时间，更应该珍惜生命。

合理安排时间并非易事。要想合理安排时间，就要对自己的生活有更加深刻的认知和理解。例如，孩子要意识到自己的生活是由玩耍和学习两部分组成的，此外，每天还要进行日常的活动。这样一来，他们才能够把时间合理分配到这三大板块之中，从而保证这三大板块都有一定的效率。现在社会，大多数家庭都只有一个孩子，很多父母都望子成龙、望女成凤，恨不得给孩子报各种各样的培训班和补习班，让孩子能够在学习方面突飞猛进，让孩子出类拔萃。殊不知，孩子的时间和精力是有限的，而且孩子的天性就是玩耍。假如孩子们能够把每一分每一秒的时间都用于学习，无异于扼杀了孩子的天性，导致孩子郁郁寡欢。在这种情况下，父母当然要安排好孩子的生活作息，在给孩子安排学习计划的时候，也要考虑到孩子的身心发展特点。

孩子从自身的角度出发，虽然一心一意只想玩耍，不过少年时代正处于学习的好阶段，因而孩子们也需要端正心态，意识到自己的首要任务是学习，其次才是玩耍，从而平衡好学习与玩耍之间的关系。很多不会管理时间的孩子做事情东一榔头西一棒槌，想到什么事情就做什么事情，而丝毫没有计划性，这导致他们的时间利用效率非常低。假如孩子们学会管理时间，那么他们就知道自己每天之中有哪些事情是必须在固定的时间完成的，哪些事情是可以合理安排和计划的，还有哪些事情是可以摒弃不做的。这样一来，他们对于时间的利用率就会大大提升，对于人生的安排和把握也会效率倍增，卓有成效。

善于安排时间的孩子不但能够管理好自己的学习和生活，在与他人相处的过程中也会给他人留下良好的印象。现代社会已经开放，我国与西方国家之间的往来越来越多，所以孩子们有更多的机会接触到西方国家的友人。在这种情况下，如果孩子没有时间观念，在与时间观念极强的西方友人相处的时候，就会遇到各种困境。为了适应社会的大环境，孩子要有意识地建立时间观念，这不但有利于与西方友人相处，也有利于孩子的学习和生活。当孩子的时间观念足够强，他们的生活就会秩序井然，也会更有条理性。

总而言之，随着时间管理能力的增强，越来越多的孩子会更加积极地管理自己，也会卓有成效地提升生活和学习的效率。如果说不会管理时间的孩子，每天只有二十四小时，那么相比之下，会管理时间的孩子就能把每天的时间拓宽，到三十六甚至四十八小时。

当孩子把珍惜时间的概念延续到整个人生之中，那么善于管理时间的人则活出了不善于管理时间的人好几辈子的人生，不得不说这是莫大的成功。需要注意的是，管理时间并非只是管理时间，对于孩子而言，只有真正管理好自己，才能管理好时间。所以与其说是让孩子管理时间，不如说是让孩子管理好自己，这样对于孩子的成长才是有益的。

## 自律的第一步，就是控制自己的欲望

为了研究孩子们对于欲望的控制能力，美国大名鼎鼎的心理学家米卡尔曾经专门进行过一项实验。因为这个是以糖果为材料进行的实验，所以这项实验也被称为“糖果实验”。

在糖果实验中，米卡尔选择的实验对象是一群年仅四岁的孩子。米卡尔把孩子们带入一个封闭的房间，然后拿出五颜六色的糖果，给每个孩子都发了一颗糖果。在这种情况下，米卡尔告诉孩子们：“糖果非常美味，但是我有事情要离开片刻。你们可以现在吃掉糖果，也可以耐心地等等我，等到我回来的时候再吃糖果，这样的话，我将会再奖励你们一颗糖果，你们就拥有两颗糖果了。”在确保孩子们都已经听懂他的意思之后，米卡尔离开了这个房间。在他离开的十几分钟时间里，通过对房间的监控设施，研究人员发现有大概三分之一的孩子当即就吃掉糖果，此外，还有一部分孩子虽然等待了一段时间，但是终究没有经受住糖果的诱惑，也吃掉了糖果。最后，还剩下一部分孩子，他们想出各种办法来抵制糖果的诱惑：有的孩子对着糖果做鬼脸；还有的孩子故意闭上眼睛，不再看着糖果；也有的孩子与同样坚持等待的孩子结成同盟，一起做游戏；有的孩子甚至假装睡觉。

总而言之，这些绞尽脑汁抵制糖果诱惑的孩子，最终都成功地等到米卡尔回来，并且兴高采烈地得到了米卡尔额外奖励的糖果。

此后，研究人员针对这些孩子进行了跟踪调查，发现那些对于糖果的诱惑没有任何抵抗力的孩子，在社会生活中表现很差，他们优柔寡断，意志力薄弱，一旦遭遇小小的挫折就会彻底放弃努力。相比之下，那些能够抵制诱惑，坚决等到米卡尔教授回来的孩子们，则表现非常优秀。他们往往非常自信，充满力量，也能很好地融入社会生活，在遇到坎坷和挫折的时候，也绝不轻易放弃。由此，研究人员得出结论，能够控制欲望的孩子更容易获得成功，也拥有更强大的力量。

细心的孩子们会发现，古往今来，大多数成功者之所以能够获得成功，并不是因为独具天赋，也不是因为拥有超强的能力，而是因为他们都具有强大的自律力。面对目标，他们往往更加坚定不移，也可以有效控制自己的本能，战胜人性的弱点，从而让自己在现实生活中有更好的表现。

在日常生活中，普通孩子们之间表现得并无明显的差异；

越是在关键时刻，孩子们的表现越是相差悬殊，也具有更强的参考性。那么，对于孩子而言，如何才能够强化自律力，从而主宰自己的命运呢？自律力并非天生的。最重要的在于，孩子们要对于结果有一定的认知，也要对于人生中的一切都有更深刻的理解和感悟。这样一来，孩子们才能权衡和比较，通过衡量不同的结果，作出相应的选择。其次，为了增强自己的意志力，孩子们还可以为自己寻找几个榜样。古今中外，有很多成功人士都是值得学习的，诸如李嘉诚、卡耐基、松下幸之助等，从他们身上，孩子们总能汲取积极的力量，也能够让自己不断地成长和成熟起来。最后，对于日常生活中经常发生的、必须去做的事情，孩子还应该养成习惯，这样在固定的时间就会做固定的事情，而丝毫不觉得有难度。

当身心均已经习惯规律的作息生活，在这种情况下，孩子还可以有意识地发掘自身的潜力，从而给予人生更多的理性认知和规律。对于孩子而言，唯有控制自我，他们才能真正把握人生的主动权，才能真正驾驭自我，获得成功。

## 容易冲动，就容易做出让自己追悔莫及的事情

古往今来，历史上很多事件都是因为冲动导致的。所以孩子们在成长的过程中，一定要戒骄戒躁，戒除冲动。实际上，在秦朝末年，刘邦的力量并非最强大的，但是刘邦情商很高，

知人善任，因而能够卓有成效地调动天下的有才之士为自己所用，也因为善于笼络人心，所以刘邦得到了很多人才的帮助，最终才能形成楚汉争霸的局面。

在楚汉战争之前，相比起项羽，刘邦的实力还很弱，也可以说，刘邦根本不具备可以与项羽抗衡的实力。然而，刘邦最大的优点就是虚心求教，任人唯贤。有一次，刘邦正在洗脚的时候，高阳人郦食其来拜访刘邦，准备为刘邦出谋划策。刚刚走进刘邦的门，他就看到刘邦正在洗脚，因而当即不悦地提醒刘邦要尊重长者。刘邦觉得郦食其说得很有道理，因而马上擦干净脚，穿上鞋袜，衣冠整齐地把郦食其奉若上宾。最终，刘邦采纳了郦食其的建议，攻打陈留，获取了秦国积蓄的粮草。

和刘邦比起来，项羽的情商极低，只能算得上是一个莽夫，而丝毫没有智谋可言。项羽不但莽撞，还很冲动，性格暴虐，杀人如麻，从来不会心慈手软。此外，项羽还疑心病重，哪怕对于自己身边的人，都不能完全信任。在鸿门宴上，范增建议项羽杀死刘邦，但是项羽因为一时心慈手软，放虎归山，导致刘邦成为他的心头大患。不得不说，项羽最终落得乌江边自刎，是必然的下场。

古今中外，有很多名人都因为冲动，做出让自己懊悔万分、追悔莫及的事情。为了控制好情绪，每个孩子都要学会隐忍。所谓隐忍，并不是一味地忍耐，也不是完全忽略自己的真实想法，委曲求全。隐忍是为了顾全大局采取的策略，是为了实现更远大的目标采取的权宜之计。古人云，小不忍则乱大谋，正是告诉人们每个人都要学会隐忍，才能在必要的时候潜伏下来，才能为了长远计划而忍得一时之气。

很多孩子都误以为克制是软弱无能的表现，实际上，克制的人非但不是软弱无能，反而有勇有谋，所以才具有非同寻常的力量。从本质上而言，克制就是一种力量，因为一个人如果能够很好地控制自己，他就是自由的人；一个人如果拥有克制的思想和行为表现，他就是拥有强大力量的人。在这个世界上，绝对的自由根本不存在，每个人所享受的自由，都是在纪律、规范和道德约束下的自由。所以当一个人表现出隐忍和克制，恰恰不意味着他是怯懦无能的，而意味着他是勇敢无畏的，也是坚定不移向前的。拿破仑曾经说过，一个人唯有拥有超强的自控能力，才能努力地掌控自己，战胜自己，征服这个世界。

通常，大家以为男孩更需要控制自己的情绪，因为在大多数人的印象中，男孩往往是更容易冲动行事，也更加情绪化的。其实，不管是男孩还是女孩，都需要控制好自己的情绪，才能以好的状态面对工作和学习。

此外，控制好情绪不但可以避免误伤他人，还可以给自己也带来好心情，可谓一举两得。当发现自己陷入坏情绪之中时，孩子们还应该掌握很多方法，从而有效地避免被情绪误伤。例如，当情绪特别冲动的时候，不如采取注意力转移法，很多情况下一旦能够暂时转移注意力，注意力的怒火就不会那么灼灼燃烧。其次，当因为别人的错误而怒不可遏时，设身处地为他人着想，站在他人的角度考虑问题，这些都是平息怒气的好办法。

总而言之，人非圣贤，孰能无过，我们既要宽容自己，也要宽容他人，这样才能在必要的情况下最大限度地平复心情，始终保持情绪的平静和愉悦。

## 坚守自己的岗位，要有热忱的态度

在西点军校，每一个西点人都拥有一颗敬业之心，离开西点之后，不管他们是身在军队还是从事另外的工作，他们都明白，应该坚守自己的岗位，尽职尽责，热爱自己的本职工作。威廉·费尔波是耶鲁最著名而且深受欢迎的教授之一，他非常热爱自己的工作，曾经这样谈起自己的工作："对我来说，教书凌驾于一切技术或职业之上。如果有热忱这回事，这就是热忱了。我的爱好是教书，正如画家的爱好是绘画，歌手的爱好是唱歌，诗人的爱好是写诗。每天起床之前，我就兴奋地想着有关学生的事……人的一生之所以能够成功，最重要的因素就是对自己每天的工作抱着热忱的态度。"

沃尔玛的创始人山姆·沃尔顿充分肯定热情在工作中的重要性，他要求公司的每一位员工都要热爱自己的本职工作。假如哪一位员工没有热情，那么就只能请他走人了。

当一位顾客走进沃尔玛时，他在30秒之内便能得到亲切的问候，即便商场职员都在为别的顾客服务。在这种情况下，职员通常会请正在接受服务的顾客原谅："对不起，我去跟那位顾客打个招呼请他稍等片刻，您不会介意吧？"这些话经常会得到顾客的体谅和好感。

在职员们问候完新到的顾客后，他通常会加上一句："感谢您的耐心，很快将会有人过来为您服务。"刚到的顾客和已到顾客因为受到了热情的接待，都会感到非常满意。

当然，沃尔玛的这种热情服务得到了回报，因为每一位职员都热爱自己的工作，在这里，每一位顾客都会感觉到自己是上帝。今天，沃尔玛是世界上最大的零售商。

同样一份工作，由同一个人来干，是否热爱自己的工作，效果是截然不同的。热爱自己工作的员工，会变得十分有活力，工作干得有声有色，创造出许多辉煌的成绩；而不热爱自己工作的员工，则会变得懒散，对工作冷漠处之，当然就不会有什么出色业绩，也会影响潜在能力的发挥。

成功者告诉我们：所有的成功将从热爱自己的本职工作开始。有人曾做过一项调查：在现实的工作中，有82%的人把工作当作苦役，迫不及待地想要摆脱工作的枷锁。剩下的18%中也并不是都喜欢工作的，大多数还抱着一种无所谓的态度，只有少数2%的员工，是真心地为工作付出全部热情，当然，这少数的员工才是公司里真正的精英。

当我们在工作中遭遇挫折或失败的时候，我们总喜欢以外界的理由去为自己开脱，如竞争太过激烈等，很少会仔细地审视一下自己是否热爱本职工作。如果你只是无精打采地上班、磨磨蹭蹭地工作，只会让老板下定辞退你的决心。

## 专心做好一件事，就能有所收益

专心做好一件事，就能有所收益，就能突破人生困境。这样做的好处是不至于因为一下想做太多的事，反而一件事都做不好，结果两手空空。

人的精力是有限的，将有限的精力投入很多事情上去，则用于做每件事情的时间都会很有限，通常也就不会做得很出色。如果一个人花10年的时间专注于某一件事，那么10年后，他基本上会把那件事做得很好。正所谓“十年磨一剑”，这一剑必是锋利无比、削铁如泥的宝剑，与只用几天磨出来的剑是不可同日而语的。一桶水，只浇1棵树，可以使它成活；如果用来浇10棵树，恐怕每一棵都会死去。年轻人精力的使用也遵循同样的道理。我们常说“有所不为才能有所为”，强调的也是专注的重要性。

古往今来，凡是有成就的人，都很注意把精力集中用在一个目标上，专心致志，集中突破，这是他们成功的最佳方案。历史上不少人被埋没，除了社会原因外，没有找到他们为之献身的具体事业目标，东一榔头，西一棒槌，今日点瓜，明日种豆，是一个重要原因。

有人在客厅里挂一幅画，请邻居来帮忙。画已在墙上扶好，正准备砸钉子，他说："等一等，木块有点大，最好能锯掉点。"于是便四处去找锯子。找来锯子，还没有锯两下，"不行，这锯子太钝了，"他说，"得磨一磨。"他家有一把锉刀，锉刀拿来了，他又发现锉刀没有把柄。为了给锉刀安把柄，他又去校园边上的一个灌木丛里寻找小树。要砍下小树，他又发现那把生满老锈的斧头实在是不能用。他又找来磨刀石，可为了固定住必须得制作几根固定磨刀石的木条。为此他又去找一位木匠，木匠家一定有现成的。然而这一走，就再也没见他回来。下午再见到他的时候，是在街上，他正在帮木匠五金商店里往外架一台笨重的电锯。

少年们，也许你会觉得这个故事有点儿搞笑，事实上，工作生活中有好多走不回来的人。他们认为要做好这一件事，必须得去做前一件事。要做好前一件事，必须得去做更前面的一件事。他们逆流而上，寻根究底，直到把那原始的目的忘得一干二净。这种人看似忙忙碌碌，一副辛苦的样子，其实，他们不知道自己在忙什么。起初，个别的人也许还知道，然而一旦忙开了，还真就忘了自己的初衷。

可以看出，最成功的人都是能够迅速而果断做出决定的人，他们总是首先确定一个明确的目标，并集中精力，专心致志地朝这个目标努力。

曾经有人问牛顿怎样发现了"万有引力定律"，他回答说："我一直在想这件事。"成功者始终将目光集中在他们的目标上，他们常常在向目标奋进的过程中提醒自己目标所在。

林肯专心致力于解放黑奴，并因此使自己成为美国最伟大的总统。

李斯特在听过一次演说后，内心充满了成为一名伟大律师的欲望，他把一切心力专注于这项目标，最终成为美国成大事者的律师之一。

汉代大儒董仲舒为了著书立说，有三年时间连近在咫尺的花园都没有看一眼，终成一代鸿儒。

一次只专心地做一件事，全身心地投入并积极地希望它成功，这样你的心里就不会感到精疲力尽。不要让你的思维转到别的事情、别的需要或别的想法上去。专心于你已经决定去做的那个重要项目，放弃其他所有的事。

记得那次在三环，我坐在车上看到旁边一辆空计程车违规肇祸，就对司机抱怨说："空车没有载客，应该从从容容地开才对，怎么还这样漫无章法呢？"

正在驾驶的司机却侧过脸对我说："就因为是空车，所以更容易出事！"空驶计程车因为急于寻找客人，开车时总是东张西望，注意力不集中。有时正要左转，心想这时候右边的客人或许多些，又临时改为右转，所以速度虽不见得快，却最容易出事。倒是许多载了客人的计程车，司机心里有一定的目的地，纵使开得快了些，也不容易肇事。

认定目标的人，速度快而平稳；没有志向而彷徨犹豫的人，不但速度慢，而且还容易出错。记住这一点，可以使我们处理事情的方式有很大的改变。

把你需要做的事想象成一大排抽屉中的一个小抽屉。你的工作只是一次拉开一个抽屉，令人满意地完成抽屉内的工作，然后将抽屉推回去。不要总想着所有的抽屉，而要将精力集中于你已经打开的那个抽屉。一旦你把一个抽屉推回去了，就不要再去想它。

了解你在每次任务中所需担负的责任，了解你的极限。如果你把自己弄得精疲力尽、失去控制，那你就是在降低你的效率、损害你的健康、减少你的快乐。选择最重要的事先做，把其他的事放在一边。做得少一点，做得好一点，才能在工作中得到更多的快乐。

少年们，最弱的人，集中精力于单一目标，也能有所成就；反之，最强的人，分心于太多事务，也可能一事无成。在激烈的竞争中，如果年轻人能向一个目标集中注意力，成功的机会将大大增加。

# 第六章

# 打破常规，青少年要拥有创新意识

## 换个思路，你会豁然开朗

如今，很多时尚的年轻人都喜欢穿李维斯牌的牛仔裤。实际上，李维斯牌牛仔裤的诞生纯属偶然，是善于变通、懂得创新的李维斯在淘金不成之后，才创造出来的。不得不说，李维斯牌是李维斯真正的金矿，带给李维斯源源不断的财富。

当年，美国西部兴起了一股淘金热，很多人都怀揣着淘金的梦想，赶往美国西部。李维斯也是淘金队伍中的一员，然而在赶往西部的路程中，他被一条大河阻挡了前进的脚步。他就守着大河冥思苦想，却没有找到渡河的方法。眼看着和他一样被大河阻挡的人越来越多，他灵机一动，想到自己可以摆渡，帮助人们渡河，一定也会生意火爆。为此，他当机立断买来船只，专心做起了摆渡的生意。由于当时正值淘金热潮时期，所以每个人都急于过河去淘金，为此虽然李维斯收取的费用很高，人们也很慷慨地掏钱渡河。就这样，李维斯赚取了人生中的第一桶金。后来，随着需要渡河的人越来越少，李维斯渡河的生意也渐渐冷清下来。这个时候，李维斯决定结束渡船的生意，前往西部淘金。

到了西部，李维斯发现淡水很珍贵，因而做了一段时间淡水生意。后来，因为淡水生意被人抢走，他不得不改行开始收集旧帐篷，从而把回收的旧帐篷做成衣服，卖给淘金的人穿。旧帐篷制成的衣服很耐磨，所以淘金的人很爱穿。渐渐地，李维斯成立了公司，专门用制作帐篷的布料制作衣服，最终成为在全世界都很有名的“牛仔大王”，他制作的牛仔服装也受到了全世界人的追捧和喜爱。

不得不说，李维斯是一个思路灵活的人，所以他在面对很多困境的时候，才能机智灵活地作出应对，才能果断地抓住千载难逢的好机会，赚得盆满钵满。在去西部淘金的路上，他因为被大河拦住去路而做起渡河生意，在到达西部之后，他发现淡水很抢手又做起淡水的生意，后来淡水的生意做不成了，他就开始回收旧帐篷做衣服卖。相比起那些一门心思只想着淘金却最终毫无收获的人，李维斯无疑收获很多，而且由此创办了属于自己的品牌，拥有了真正属于自己的金矿和财富源泉。

少年们，在这个世界上，真正的聪明人都是懂得变通的。他们固然要奔着目标不断前进，但是也能够与时俱进，根据现实的情况随机应变，作出理性的决定和机智的改变。正因为如此，他们才能看到大多数人都视而不见的机遇，也能真正抓住机会，卓有成效地发展自己。

对于孩子而言，最重要的就是要形成发散性思维，这样才能在被很多难题逼入死角的时候，及时地调整思路，做到与时俱进，勇于创新。这是因为真正局限我们的不是难题，而是思想。所以唯有真正改变思想，把创新性解决问题的思路发扬光大，才能卓有成效地突破困境，也让学习和生活都进入崭新的境地。

## 善于创新，让学习事半功倍

战国时期的孙阳是一个技艺高超的相马专家，他只需要看马一眼，就能判断马的优劣，为此，孙阳获得了“伯乐”的称号，很多人都特意邀请孙阳为他们相马。孙阳声名大噪，成为方圆几十里地不折不扣的相马专家，声名远扬。为了能够把相马的技艺传承下去，孙阳还耗费大量的时间和精力，写了一本《相马经》，目的就在于为同样想学习相马的人传授经验，给予他们切实有效的指导。孙阳创作《相马经》时非常用心，不但有详细的文字记录，还精心配图，画上了栩栩如生的千里马，尤其刻意表现出千里马具有的与众不同的特点。

孙阳的儿子看到父亲这么受欢迎，受尊重，也对相马产生了浓厚的兴趣，因为他想成为和父亲一样的人。为此，儿子主动学习《相马经》，并且把父亲在书本里讲授的内容全都牢牢地记在心里，甚至可以倒背如流。儿子觉得自己已经可以出师了，因而兴致勃勃告诉父亲：“父亲，我已经把《相马经》倒背如流了。我可以继承你的衣钵，出去寻找千里马了。”孙阳当即对儿子说：“好吧，你先去找一匹千里马回来，我才相信你的眼力。”儿子丝毫不觉得这个任务困难，而是高兴地接受任务，就马上离开家踏上寻找千里马的旅途。为了不出错，儿子还把《相马经》带在身上。然而，他走遍了很多地方，见到过很多马匹，从未觉得有任何马匹符合父亲在《相马经》中列举的千里马的特征。例如，《相马经》中说千里马要额头凸起，双眼凸起，四个蹄子就如同酒瓶底子一样厚厚的，然而，儿子仔细观察每一匹马，没有任何马能够同时符合这三个条件。有一天，儿子走累了，坐在池塘边休息，突然发现有只癞蛤蟆正趴在荷叶上瞪着鼓起来的大眼睛看着他。儿子认真观察，觉得癞蛤蟆的确是额头凸起，眼睛凸起。但是很遗憾，癞蛤蟆的四个蹄子并没有像酒瓶底子一样那么厚。儿子思来想去：找了这么多，也就这种动物最像千里马，四个蹄子不像就不像吧，说不定它是千里马中的另类呢！这么想来，儿子高高兴兴地用衣服把癞蛤蟆包裹起来，就带着癞蛤蟆回家了。

看到儿子找来的“千里马”，孙阳忍不住哈哈大笑。他问儿子：“你找到的这匹千里马，能让人骑着一日千里吗？”儿子看着癞蛤蟆，这才意识到癞蛤蟆根本不能骑，那又算什么千里马呢？儿子羞愧得抓耳挠腮，父亲说：“你呀，就算已经把《相马经》倒背如流了，也并没有真正了解《相马经》所说的意思。这样生搬硬套，是找不到千里马的。”在这个事例中，儿子为了早日继承父亲的衣钵，成为像父亲一样受人尊重和敬仰的人，所以主动学习《相马经》，而且把《相马经》记得烂熟于心。然而，这样的记忆对于学习相马根本没有任何好处，反而有可能导致生搬硬套相马知识，甚至连马到底是什么样子的都不知道。看完这个故事，也许有些孩子觉得故事情节失真：孙阳的儿子怎么可能连马都不认识呢？的确，孙阳的儿子应该是认识马的。但是，这个故事的本意并不在于验证孙阳的儿子是否真的认识马，而是想要告诉我们，做任何事情，按图索骥是行不通的。

在学习的过程中，很多孩子也会无意间犯按图索骥的错误，他们或者过分相信书本上的内容，或者过分相信老师所讲授的知识。在这种情况下，他们只能照搬书本，迷信老师，而这些习惯对于学习作用不大。要想在学习上事半功倍，孩子们一定要拥有创新意识。所谓创新意识，就是让孩子充分发挥想象作用，从而对于自身的成长起到积极的推动作用。创新不但对于孩子的个人发展至关重要，而且对于人类社会的进步、整个民族的进步，都起到举足轻重的作用。

在学习的过程中，孩子们一定不要生搬硬套书本上的知识，如果总是对于书本上的知识盲目迷信，那么就无法卓有成效地加工知识，也无法把书本上的知识变成自己的知识，更无法借助于知识的力量获得成长。大文豪高尔基说，学习不能只是模仿，否则就没有科学和技术。这正说明了创新的重要性，也告诉我们唯有创新，才能不断地成长，才能推动自己和整个时代都努力地向前发展，坚持进步，坚持创新。

## 思路活跃，早晚找到人生出路

30岁之前找不到人生的出路，并不可怕也不奇怪，要求30岁有怎样巨大的成就，怎样令人羡慕的地位是不现实的，更何况是现在的年轻人。人们都说苦难使人早熟，而现在30岁之前的年轻人都是90后，90后是从小在蜜罐里长大的。一个总是在幸福呵护中长大的年轻人，迷茫、缺乏方向感，不懂得怎样实现自己的价值是必然的。这是一个集体迷茫的时代，一方面是个人的原因，一方面也有社会的因素。社会正处在一个转型期，各种价值观念发生着碰撞，就连四五十岁的成年人都有一种迷茫感，更何况是30岁之前的年轻人呢？

不过，迷茫、找不到出路并不可怕，只要你有着自己的信念，有着明确的思路，那迟早会找到自己人生的出路。可以说，现在的年轻人是比较清醒的，对自己的前途也有着自己的期待和规划，尽管这种规划还处在相当模糊的阶段。想一想以前未受教育的年轻人，他们二十几岁的时候只不过是懵懵懂懂地过日子，谁懂得去规划一个未来呢？相对而言，这一代大概是处在刚刚醒来，所以迷糊的阶段吧。

有人说90后是“失梦的一代”，失去梦想，满眼现实。有梦想是好事，但重视现实又有什么不对呢？为自己的将来规划一个可期的、现实的、明确的目标，不是比梦想更重要的一件事吗？为自己的将来寻找一条出路，不是每个人必须有的意识吗？从现在开始，年轻人就可以思考自己将怎样成功，这并不可耻，只有个人有明确的思路，个人成功，集体才能壮大，才有将来。

30岁之前，你一定要弄清楚自己可以做什么，很多年轻人之所以一事无成，是因为他们有着太多的选择，有着太多的目标，太贪心，反而一无所成。想做什么是一回事，能做什么是另一回事。一个人能做的事情，能在哪个领域获得成功，其实是非常有限的。看看你的父母是做什么的，看看你受过的教育是哪方面的，看看你的兴趣、你的天赋在哪儿，看看你的机缘在哪里，这一切就是你可能做的事情、可能的出路。

比尔·盖茨从小就对电脑软件感兴趣，他大学就读于哈佛的计算机专业，最终他的出路就在计算机领域；李嘉诚从成年开始就处在受雇和雇用别人的环境中，所以他成了一个商人；杨振宁的父亲就是科学家，另外有很多学者、科学家的家族就是知识分子家庭，从小耳濡目染，自然选择了知识领域。

你在一个怎样的家庭中成长？你最熟悉哪个领域？你在学校受到了怎样的专业教育？你的天赋在哪里？你工作后遇到了哪些贵人？从这些因素中就能够找到你最终的出路，找到你最适合在哪个领域工作。只有最幼稚的人才会说“给我一个杠杆，我可以撬动地球”，成熟的人懂得用最短的时间弄清楚自己可以做哪些事，最擅长做哪些事，然后从这方面寻找契机，进行努力。

找到了自己适合哪条路，就在这条路上走下去，在不同的行业，完全不交叉的职业中转来转去，跳来跳去，是对人生最大的浪费。在你选定的领域中坚持下去，终究能走到事业的顶点。

现在就想一想，你事业的顶点在哪里？你可能达到吗？对于你来说你人生的顶点在那里你满意吗？如果答案是否定的，你可能还需要对自己的职业再考量，或者寻找比较熟悉的交叉领域作为人生的顶点。

阿西莫夫是一位科普作家，也是一位自然科学家。他的成功就得益于对自己的再认识，想清楚了自己可能达到的最高点。一天上午，当他坐在打字机前打字的时候，突然意识到："我不能成为第一流的科学家，却能够成为第一流的科普作家。"于是，他几乎把全部精力都放在了科普创作上，终于使自己成为当代世界最著名的科普作家。再如海岩曾经是个警察，也是个商人，然而令他最出名的却是他社会实践的结晶——他的文学作品。为自己的职业想一个可能的拓展前景，会对你的人生有更大的帮助。

一个人只有对自己的人生有明确的规划，才能够成就更大的事业，那些今天想这样做、明天想那样做的人，他们的思想都是非常幼稚和混乱的。清楚自己可以做什么，清楚自己人生可以达到的高度，才是一个人成熟的表现。如果鲁迅没有写文章，我们就少了一个伟大的文学家；如果达尔文没有进入生物界，进化论就要晚上几十几百年；如果爱因斯坦致力于做一个小职员，世界物理要落后几百年。

清晰的人生思路，比现实的出路还要重要，清楚自己能够做什么，正在做什么，将要怎样实现人生价值，一个人才能变得更加成熟。

## 换个角度思考，发现新的出路

在任何特定的环境中，人们还有另一种最后的自由，就是选择自己的态度。在你周围的朋友圈子里，是不是成功者屈指可数，而平庸者却遍地都是呢？如果你用心观察，你会很容易发现这两类人之间的差异，多在于做事的态度和思维的方法上的不同，有些人有思想，而且敢做，就顺其自然地成功了；有些人有思想，但没有胆识，在犹犹豫豫间只有憧憬，从来没有实现的那一天。

观察你的朋友，你会发现，他们之中很少有没有想法、没有思想者，在谈到自己的追求时，都能说得天花乱坠。每当看到别人成功时，他们总抱怨自己生不逢时没有机会。“如果早出生十年，我一定能赶上改革开放初期下海潮，那时候机会太多了！没准现在已经是腰缠万贯的百万富翁了。”真是这样吗？

1492年，发现了美洲大陆的哥伦布回到西班牙后，出席了一个盛大的欢庆宴会。席间，一位衣冠楚楚的绅士以挑衅的口吻说：“我看这事算不了什么，你只不过是坐船一直往西走，碰到了一块新大陆而已。任何人乘船一直西行，都会有这个发现的。”哥伦布不置可否地看了他一眼，从桌上拿起一个煮熟的鸡蛋，微笑着说：“你来试试，让鸡蛋的小头朝下立在桌子上。”绅士试了半天也没把鸡蛋立住。哥伦布接过来，将鸡蛋的尖头朝下轻轻一磕，鸡蛋稳稳地立住了。绅士大叫起来：

“你把鸡蛋弄破了，不能算！”哥伦布说：“你和我的差别正在这里，你不敢磕，我敢磕。你懂不破不立的道理吗？如果懂，为什么还缩手缩脚呢？”

可见，机会其实对每个人都是公平的，能不能抓住就要看个人的思路、态度和能力了。这里有一个关于淘金的故事。一天，有一个年轻人也想尾随别人去淘金。当他在赶往淘金的路上时，遇到一条大河阻拦，然而河边又没有船，他该怎么办呢？年轻人突然灵机一动：“别人都去淘金，我为什么不做一个送他们去淘金的人呢？”从此，别人去淘金，这个年轻人就用船送这些人过河。去淘金的人面对对岸黄金的诱惑，自然蜂拥而至。久而久之，这位年轻人也发迹了。其实，成功就是这样简单，除了拥有尝试的态度，勇敢地坚持，同时，如果你能积极地换个想法，避开竞争焦点的锋芒，你就能找到一条成就事业的捷径。

足球场中有抢“第二落点”之说，在一般情况下，“第一落点”是有九成胜算的进攻位置，只要得手，极易进球，但是，也由于对方球员防守严密，进攻者总是无功而返；而“第二落点”由于少人跟防，往往会轻易取得战绩。足球场如此，追求成功的路上也是如此。大家都在蜂拥而上抢“第一落点”时，谁能及时调转方向，找到不起眼的第二落点，谁就能掌握时代的脉搏。

每一个人的潜力都是无穷的，一旦你能静下心来，全心全意地做一件事，本身爆发的潜能连自己都会吃惊，而死钻牛角尖只会将自己推进死胡同。尽管重新调整成功的目标是痛苦的，但走出了第一步，再走第二步就顺畅多了。

## 遇到困难和变化时，思维一变天地宽

查理斯·艾略特是美国著名的教育家，他于1853年毕业于哈佛大学，1863年赴欧洲考察学习，研究法国和德国的高等教育。1869～1908年期间，他担任哈佛大学校长，立足哈佛实际，锐意改革，把哈佛学院从一个地方性大学发展成为全国知名学府。

有这样一件关于查理斯·艾略特的轶事：

1870年，在查理斯·艾略特出任哈佛大学校长时，他找到当时著名的史学家亨利·亚当斯，想聘请他出任中世纪历史的教授。起初，不管艾略特怎样苦苦劝说，亨利·亚当斯都没有任何表示，后来，亨利·亚当斯谦虚地说："校长先生，我真的一点儿都不懂中世纪的历史。"听到他的回答，艾略特校长则客气地说："如果你能够为我举荐出一位学者比你懂得更多，那我就聘请他。"结果亚当斯只好接受了聘请。

艾略特以自己灵活机智的思维，展现了哈佛校长的个人魅力，同时也告诉哈佛学子，将思维转个弯，很多事情都能迎刃而解。

在哈佛，流传着这样一个故事：

杰克是一位优秀的商人，有一天告诉他的儿子：“我已经找好了一个女孩子，我要你娶她。”儿子说：“我自己要娶的新娘我自己会决定。”杰克说：“但我说的这女孩可是比尔·盖茨的女儿喔。”儿子：“哇！那这样的话……”在一次聚会中，杰克走向比尔·盖茨。杰克说：“我来帮你女儿介绍个好丈夫。”比尔说：“我女儿还没想嫁人呢。”杰克说：“但我说的这年轻人可是世界银行的副总裁喔。”比尔：“哇！那这样的话……”接着，杰克去见世界银行的总裁，杰克说：“我想介绍一位年轻人来当贵行的副总裁。”总裁说：“我们已经有很多位副总裁，够多了。”杰克说：“但我说的这年轻人可是比尔·盖茨的女婿喔。”总裁说：“哇！那这样的话……”

最后，杰克的儿子娶了比尔·盖茨的女儿，又当上世界银行的副总裁。这个故事看似不可思议，却能给人以启迪：有时候思维的变化可以找到解决问题的途径。相比之下，那些不善于变通的人，纵有一身过硬的本领，也会因为不懂得因时因地变通，而无法捕捉和把握稍纵即逝的机会，以致无法成功。甚至有的时候，机会向他迎面走来，他也会视而不见，让成功与自己擦肩而过。

法国著名女高音歌唱家玛·迪梅普莱有一座美丽的私人园林。每到周末，总会有人到她的园林里去摘花，采蘑菇，有的甚至搭起帐篷，在草地上野营、野餐，弄得园林一片狼藉，脏乱不堪。

管家曾让人在园林四周围上篱笆，并竖起“私人园林，禁止入内”的木牌，但均无济于事，园林依然不断遭到践踏和破坏。于是，管家只得向主人请示。迪梅普莱听了管家的汇报后，让管家做几个大牌子立在各个路口，一面醒目地写明：如果在园林中被毒蛇咬伤，最近的医院距此15公里，驾车约半个小时才能到达。自此以后，再也没有人闯入她的园林。

园林还是那个园林，只是变了一个思路，保护园林的难题就解决了。无独有偶，在美国发生过这样一件事情。

柯特大饭店是美国加州的一家老牌饭店。饭店老板准备改建一个新式的电梯。他重金请来全国一流的建筑师和工程师，请他们一起商讨该如何进行改建。建筑师和工程师的经验都很丰富，他们讨论的结论是：饭店必须新换一台大电梯。为了安装好新电梯，饭店必须停止营业半年时间。

“除了关闭饭店半年就没有别的办法了吗？”老板的眉头皱得很紧，“要知道，这样会造成很大的经济损失……”

“必须得这样，不可能有别的方案。”建筑师和工程师们坚持说。

就在这时候，饭店里的清洁工刚好在附近拖地，听到了他们的谈话，他马上直起腰，停止了工作。他望望忧心忡忡、神色犹豫的老板和那两位一脸自信的专家，突然开口说：“如果换作我，你们知道我会怎么来装这个电梯吗？”

工程师瞟了他一眼，不屑地说：“你能怎么做？”

“我会直接在屋子外面装上电梯。”

“多么好的方法啊！”工程师和建筑师听了，顿时诧异得说不出话来。很快，这家饭店就在屋外装设了一部新电梯，而这就是建筑史上的第一部观光电梯。

在人们的传统思维中，电梯只能安装在室内，却想不到电梯也可以安装在室外，像这样固守成法、循规蹈矩的人比比皆是。问题不在于他们的技术高低、学识多寡，而在于他们突破不了常规的思维方式。工程师和建筑师被专业常识束缚住了，而清洁工的脑子里没有那么多条条框框，思路很开阔，所以才会想出令专家们拍案叫绝的妙招。

少年们，生活中最大的成就是不断地自我改造，使自己悟出生活之道。的确，在很多情况下，外界环境是无法改变的，我们能改变的就是我们的思想。在遇到困难和变化时，让思维尽显其灵活和多变的本质，往往能得到更好地解决问题的方法。

## 有什么样的想法，就会有什么样的命运

现今的生活中，很多人都在不停地抱怨。工作的时候，抱怨没得到满意的待遇；失业的时候，抱怨老板不讲情理；应聘的时候，抱怨好运不垂青自己。总之，人生灰暗，似乎怎么努力都不过是死水一潭。

曾经有两个囚犯，从狱中望窗外，一个看到的是满目泥

土，一个看到的是万点星光。前者悲伤而死，后者欢笑一生。不同的处世态度，不同的思考方法，其结果往往大相径庭。态度是长期培养得来的，而想法则可以在灵光一现间给你带来巨大的突破。

有四个小孩在山顶上玩耍，正玩得起劲的时候，突然，从山顶远处窜出来一个大狗熊。第一个小孩反应很快，拔腿就跑，一口气跑了好几百米，跑着跑着，他感到身后没有人，回头一看，其他三个孩子都没有动，他大声喊道："你们三个怎么还不跑呀，狗熊来了会吃人的！"

第二个小孩正在系鞋带，他回答说："废话，谁不知道狗熊会吃人呀，别忘了狗熊最擅长的就是长跑，你短跑有什么用？我不用跑过狗熊，只需要跑过你就行了。"这会，他惊奇地问旁边的小孩："你愣着做什么？"第三个小孩说："你们跑吧，跑得越远越好，一会儿狗熊跑近我的时候，我保持安全距离，带着狗熊到我爸爸的森林公园，白白给我爸爸带回一份固定资产。"说完，他忍不住问第四个小孩："你怎么不跑啊，等死呀？"第四个小孩说："你们瞎跑什么呀，老师说了在没有搞清楚问题的时候，不要乱作决策，不要乱判断，需要做市场调查，狗熊是不会轻易吃人的，你们看山那边有一群野猪，狗熊是奔着野猪去的，你们跑什么呀？"

面对"狗熊来了"同一件事，不同的小孩有不同的思维方式，而每一种思维方式都比前一种考虑得更周到。事实上，当我们试着多角度看问题的时候，你会发现狗熊并不是冲你来的，内心那些恐惧和忧虑是多余的，完全没有必要，生活依然是美好的，我们完全可以放下心中沉重的包袱。每个人眼中都有一个与众不同的“小宇宙”，不同的人在各自的“小宇宙”中发现着不同的色彩，演绎着各自的人生。

老师在黑板上画了一幅画，白纸中画了一个黑色圆点。老师问学生：“你们看见了什么？”全班同学一起回答：“一个黑点。”老师说：“你们只说对了一部分，画中最大的部分是空白，只见小，不见大，就会束缚我们的思考力，许多人不能突破自己，原因就是在这里。”很多时候，传统的思维定势会束缚我们的想象力，而多种角度看问题，我们就可能会有新的发现。

英国曾举办过一次有奖征答活动，题目是这样的：在一只热气球上，载着三位关系到人类生存和命运的科学家。一位是环保专家，如果没有他，地球在不久之后会变成一个到处散发着恶臭的太空垃圾场；一位是生物专家，他能使不毛之地变成良田，解决几亿人的生存问题，还能够运用基因技术使人的寿命延长到200岁；一位是国际事务调解专家，没有他的存在，各个军事大国的矛盾可能就会一触即发，地球将陷入核战争的阴影之中。但是，不幸的是，三位专家所乘坐的热气球发生了故障，正在急速下坠，除非把其中一个人扔出去，也许还有可能脱离危险，问题是，把谁扔下去呢？

到底该把谁扔下去呢？下面的孩子们想了起来：环保专家很重要，没有他人类将会灭亡；可是，生物专家解决的可是生存问题，没有了粮食人类就会饿死；而国际调解专家也很重要，如果发生了核战争，人类也将会灭亡。这时，一个小男孩说出了正确的答案："把最胖的一个扔下去。"

少年们，有时候，我们凭着传统的思维来解决问题，常常会感到无所适从，谁知，机会往往就在你犹豫不决时悄然离去。如果我们都能像那个小男孩一样，跳出常规思维，多角度去思考，用一种全然不同的思路和方法去解决问题，可能就会有豁然开朗的感觉。哈佛大学的教育告诉学生：多角度看问题，我们常常会获得意外的惊喜。

哲人说，有什么样的想法，就会有什么样的命运。在任何关键的时候，正确的想法都是解决问题的唯一途径。有人经常说："我忙得没有时间去想。"然而，就是"没时间去想"这五个字，却成为成功与失败的分水岭。平庸的人只知道"埋头拉车"，而成功的人却能"低头去想"，换个角度去思考。正因如此，他们能够找到解决事情最好的方法。

# 第七章

# 越努力越幸运，青少年就是要比别人多努力一点

## 经历命运的打磨，绝不因挫折而倒下

只有不倒下，我们才有取胜的可能。如果经不起挫折，受不了历练，我们将沉埋在痛苦的生活里，永远没有希望，也没有前进的方向。其实，挫折带来的并不全是坏事，它能使我们的人生绽放出最美丽的成功之花，而从挫折中汲取的教训将是我们迈向成功的垫脚石。有人曾说："挫折就像是一块石头，对于弱者来说，它是一块绊脚石，让你却步不前；对于强者来说，它是一块垫脚石，让你望得更远。"当生活的华丽褪去，我们赫然发现：生活就是一块不平坦的磨刀石，我们每个人都必须经过它的打磨。这是因为，挫折造就了生活。

1950年，弗洛伦丝·查德威克作为第一个成功横渡英吉利海峡的女性而闻名于世。两年后，她从卡德林那岛出发游向加利福尼亚海滩，想再创一项前无古人的纪录。

那天，海面浓雾弥漫，海水冰冷刺骨。在游了漫长的16个小时之后，她的嘴唇已冻得发紫，全身筋疲力尽，一阵阵战栗。她抬头眺望远方，只见眼前雾气茫茫，仿佛陆地离她还十分遥远。

"看来这一次无法游完全程了。"她这样想着，身体立刻就瘫软下来，甚至连再划一下水的力气都没有了。

“把我拖上去吧！”她对陪伴着她的小艇上的人说。

“咬咬牙，再坚持一下，只剩一英里远了。”艇上的人鼓励她。

“别骗我，如果只剩一英里，我就应该能看到海岸，把我拖上去，快，把我拖上去！”于是，浑身瑟瑟发抖的查德威克被拖上了小艇。

小艇开足马力向前驶去。就在她裹紧毯子喝了一杯热汤的工夫，褐色的海岸线就从浓雾中显现出来，她甚至都能隐隐约约地看到海滩上欢呼的人群。

此时，她才知道，艇上的人并没有骗她，她距离成功确确实实只有一英里！她仰天长叹，懊悔自己没能咬咬牙再坚持一下。

俗话说：“行百里者半九十。”最后的那段路往往是一道难越的门槛，因为在我们历尽艰辛、心力交瘁的时候，即使一个小小的变故或障碍也可能把我们击倒。这个时候，意志就显得至关重要。一位拳手曾经说：“在受到对手猛烈重击的情况下，倒下是一种解脱，或者说是一种诱惑。每当这时候，我就在心里对自己叫喊——挺住，再坚持一下！因为只有我不倒下，才有取胜的可能，胜利往往来自‘再坚持一下’的努力之中。”

少年们，没有经历过生活，自然不会理解生活的艰辛；没有真正地经历过挫折，自然不能真正感受快乐。挫折一旦来临，就想要逃避这个世界，这本是一种不负责任的做法。古人云：“百糖尝尽方谈甜，百盐尝尽才懂咸。”只有真正经历了生活而不倒下的人，才能放眼望世界，因为生活在挫折的打磨下变得多姿多彩。

## 在社会的浪潮中，踏实努力才能闯出一片天

我们任何一个人都知道，不管我们在校时多么优秀，毕业后都是一个零，都是一张白纸。在社会的浪潮中，唯有踏踏实实干事，不浮躁、不轻狂的人，才能成就一番大事。

在职场上流行着这样一句话：要肯干，更要能干。能干工作，能干好工作是职场生存的基本保障。任何人做工作的前提条件都是能干，也就是说他的能力能够胜任这项工作。因此，你具有的能力，决定了你能担任的工作性质，也随之影响着你的生活品质。

现实的生活对每个人都是一场综合的考验，不会对谁网开一面。不管你求学于哪一所高校，或者在课堂上掌握的书本理论的多寡，这都并不能代表实际能力的强弱。真正能把人从饥饿、贫困和痛苦中拯救出来的，是劳动和生存的技能，是思想攀升的高度，是踏踏实实干事的作风。

对于年轻人来说，想得远不是错误，前提是你必须做得踏实。不可否认，浮躁的现象在这一代的年轻人中仍有存在，具体表现在事情刚做到一半就觉得要大功告成，开始飘飘然起

来。他们急功近利，只讲速度，不讲质量，看不起眼前的小事，认为干它没有什么意义。

我们要懂得，在刚刚步入社会时，让自己沉下心来进入角色是非常重要的，越早进入角色就意味着越早地步入了事业的轨道。每天都让自己成熟一些，浮躁之气自然会少下来。

曾听一位教授讲过这样一位毕业生的经历：

这一年，约瑟夫从大学毕业，他决定在纽约扎根并做出一番事业来。他的专业是建筑设计，本来毕业时是和一家著名的建筑设计院签了工作意向的，但由于那家设计院在外地，约瑟夫未经考虑就决定不去。如果去了，他会受到系统的专业训练和锻炼，并将一直沿着建筑设计的路子走下去。可是一想到要几十年在一个不变的环境里工作，或许永远没有出头之日，这点让约瑟夫彻底断了去那里工作的念头。

他在纽约找了几家建筑公司，大公司不要没有经验的刚出校门的学生，小公司约瑟夫又看不上，无奈只好转行，到一家贸易公司做市场。一段时间后，由于业绩得不到提高，身心疲惫的约瑟夫对工作产生了厌倦情绪。但心高气傲的他觉得如果自己单干肯定会更好，于是他联系了几个朋友一起做建材生意。本以为自己是“专业人士”，做建材生意有优势，可是建筑设计与建材销售毕竟是两码事。不到一年，生意亏本了，朋友们也因利益闹得不欢而散。

无奈之下的约瑟夫只好再换工作，挣钱还债。由于对工作环境不满意，几年下来，他又先后换了几次工作，但都不如意，约瑟夫对前途彻底失去了信心。现在专业知识已忘得差不多了，由于没有实践经验，再想做几乎是不可能了。约瑟夫虽然工作经验丰富，跨了好几个行业，可是没有一段经历能称得上成功……现实的残酷使约瑟夫陷入很尴尬的境地，这是他当初无论如何也没想到的。

由此可见，“这山望着那山高”的想法切不可有，如果忽略了理想必须扎根在现实的土壤中的道理，结果只能是被理想和现实同时抛弃。你在人生的过程中会看到许多山峰，但你不可能翻越每一座，不可能得到所有美好的东西。命运对任何人都是公平的，当你为没有得到而苦恼时，还是仔细想一下自己将会失去什么吧！

“节制和劳动是人类的两个真正医生。”伟大的哲学家卢梭的这句名言对现今的年轻人仍有很好的教育意义。哲人说，即使每个年轻人都是块好铁，也总得锻炼锻炼才能成钢。你在为生存而付出的劳动里，锻炼了一切与理想相关的东西，比如自信、尊严、才识和能力。沉重是生活的一部分，我们享受生活的欢乐，也要接纳生活的沉重，因为生命中有一些责任是你必须要承担的，你必须负重前行，脚步才不会太飘忽。

年轻人要励志、要奋进，切不可在一些激动人心的言辞中养成一种浮躁心态。著名的经济学者钟先生，曾就这一现象对急于创业的年轻人提出过警示：

某卫视台曾请了几位声名赫赫的企业家和社会学者做节目，现场气氛非常热烈，听企业家们阐述了自己的成功经历后，一位青年人在那里阐述自己的梦想：“我很快就要毕业，但我不愿意按部就班，出去找一份工作，为人家打工。我要自己创业做老板，你们的成功经验给了我很大的鼓励……”一位著名企业家为现场的气氛所感染，很激动地发言：“我们现在遇到五千年以来最好的历史时期，你们创业的机会比我们这一代更多，你们一定会成功，你们这一代一定比我们这一代强！”这话青年们听了真是高兴，热烈的掌声经久不息。在座的经济学家钟先生实在忍不住了，他告诉大家，现在的机会是不是比八九十年代多，要看怎么看，比如做老板的机会就并不比以前多，大家应该少一点做老板的心思，多一点打工心态，做老板也得要有经验准备过程。但这大实话没有引起多少掌声，正陶醉在做老板梦想中的青年们是不大听得进这样泼冷水的话的。

哲学家告诉我们，思想上有高度、有深度、有远见，这样的年轻人肯定会受到别人的称赞，但他们更应该懂得随时检验自己的行动是否与现实脱节。

对于很多年轻人来说，理想和现实在他们的脑海里交织在一起，它们的关系如何，怎么也弄不清。这时，你不妨听听先贤的训示：年轻人要志存高远，坚信“王侯将相，宁有种乎”；也要踏实奋进，懂得“一屋不扫，何以扫天下”的道理。踏实做事、本色做人，每一个年轻人在社会的浪潮中都能找到自己的位置，并更加顺利地践行自己的理想。

## 努力拼搏，要懂得越努力越幸运的道理

许多人对身边那些做出成就的人总是报以羡慕的目光，从而感叹自己命运多舛，运气很差。这时，不妨重新审视一下自己，真的是因为运气很差吗？运气往往与努力相连，如果足够努力，那好运自然会到来。在这个世界，没有无缘无故的好运，所有的好运都是努力而来的。做人做事有多大的力气，就会有多成功。永远记住一句话：越努力，越幸运。

少年们，请放下你的浮躁，放下你的懒惰，放下三分钟热度，放空容易受诱惑的大脑，移开容易被新奇事物吸引的眼睛，闭上喜欢聊八卦的嘴巴，静下心来好好努力。当你认真地努力之后，你会发现自己比想象中更优秀，好运也会在期待中降临。

1896年4月6日，现代奥运史上的第一个世界冠军诞生了，他就是来自美国哈佛大学的大学生詹姆斯·康纳利。

康纳利1895年被哈佛大学录取，学习古典文学。在学校时，他已经是当时全美三级跳远冠军了。听说奥运会即将在雅典举行，他便向学校请8周假前去参赛，但学校拒绝了他的要求。康纳利执意要到奥运会上一试身手，于是他离开了哈佛，自己争取到参加奥运会的资格，成为由11人组成的美国代表团的成员之一。与他一同前去的其他美国同伴都是波士顿体育协会麾下的运动员，参赛是免费的。而康纳利太穷了，他享受不到这种待遇。他这次参赛是在一家很小的体育协会的赞助下才

成行的。由于资金紧张，他花掉了自己仅有的700美元的积蓄，才登上了德国德福达号货船。就在启航的前两天，他伤了后背，几乎毁了他的全部计划。幸运的是，在从纽约到那不勒斯的17天航行中，他的伤痊愈了。但是刚下船，他的钱包又被人偷走了。这还不算，更为糟糕的事接踵而来：因为希腊历制和西方历制不同，比赛在他们到达的第二天就开始了，而不是他们原以为的12天之后；而对他更为不利的是，他的三级跳远项目的起跳要求是单足跳、单足跳、起跳，而不是他从小练习的传统跳法单足跳、跨步、起跳。

4月6日下午，三级跳远比赛开始了。在其他运动员跳完之后，康纳利最后一个出场。他走到沙坑前，把帽子扔到了一个别的运动员跳不到的位置上，大声呼喊自己要跳到帽子那里去。他在跑道上加速，按照新的规则，先两个单足跳，然后起跳，最后落在比他的帽子更远的地方，跳出了13.71米的好成绩，成为当之无愧的现代奥运史上的第一个冠军。

1949年，哈佛大学试图与他和解，并授予他博士学位。

詹姆斯·康纳利很幸运吗？或许所有人都会这样觉得，但事实上你永远想象不到他背后的努力。并不是每个人都能在逆境中坚持自己的决定，面临着参加奥运会就要离开学校，且须自费参赛的严峻考验，詹姆斯·康纳利坚持自己的想法，最终取得了胜利。

正如一位哲人所言：成功者大都起始于不好的环境并经历过许多令人心碎的挣扎和奋斗。他们生命的转折点通常都是在危急时刻才降临。经历了这些挫折之后，他们才具有了更健全的人格和更强大的力量。

在不少人眼里，女明星莎莉是一个努力的女孩，她几乎一年365天都在工作。在几年前，她看起来还有点婴儿肥，现在却摇身一变成为了纤瘦励志女神。当然，莎莉的变化不仅在外表上，她还陆续推出了有影响力的作品，其能力也得到了大家的认可，可以说成为了圈内的劳模代表。

但是，面对这些变化，莎莉却说："我希望努力度过每天，做最棒的自己，努力是我一个很好的开始。"其实，莎莉从小没有想过自己会成为活跃在大荧幕上的明星。小时候莎莉的父母对她要求很严格，让她学画画、硬笔书法、琵琶等，涉猎广泛，在这个过程中莎莉慢慢明白努力有多么重要。父母经常对莎莉说："你可以不是第一名，但你一定要是最努力的那一个。"所以，一直以来莎莉都坚信"越努力越幸运"，她希望通过自己的努力来赢得一次又一次的好运。她说："加倍努力，终于让我化茧成蝶。"

少年们，在通往成功的路途上，任何的抱怨都无济于事，任何的借口都是白搭，唯有努力才是真刀实枪的本事。努力的人，不用去寻找好运，因为他就是好运。越努力越幸运，这确实是一个成功的奥秘。努力本身带给我们的有益的东西远远大于成功，在努力的过程中，不断磨炼，不断尝试，到成功那一天，所有的努力都会聚沙成塔，成就自我。

## 经历过折磨的痛苦，才能体会到获得的喜悦

经历过折磨的痛苦，才能体会到获得的喜悦。这句话可以通过下面一个小故事诠释出来。

一个男人，有了一份小小的事业，于是，面临着很多诱惑。他决定同与他交往了七八年的女人分手。他开始寻找女人的缺点，个子高大，一点也不懂温柔，甚至脸上还有一颗碍眼的黑痣。打定了主意之后，他去车站接女人回来。时间一点一滴过去了，他没有接到女人，却听到了一个令人震惊的消息，她所在的那个山城，下了暴雪，导致一辆客车出了车祸。他顾不得危险，马上去了那个山城，找到了收容车祸伤者的医院。结果，他没有找到她，痛苦折磨着他的心，他不禁想起了她以前种种的好，总是默默地支持着他的工作，他有胃病，她让他一定要吃早餐，甚至为他学会了煮豆浆。“她为什么不是那个只擦伤了一点皮的女人，为什么不是那个断了腿的女人，甚至为什么不是那个成了植物人的女人？”如果她还活着，他一定好好对她，让她成为最美丽、最幸福的新娘。她甚至在电话中还暗示过他们的婚礼，自己却因为犹豫，没有正面回答她，他的心里充满了悔恨。

当然，不久他接到了她的电话，因为暴风雪，她留在了一位同学家中，因为山里面信号不好，她没能及时打电话给他。巨大的重新获得的喜悦冲击了他的大脑，他握着话筒，泪如雨下，最后他们幸福地生活在了一起。

如果没有那场“车祸”，如果没有失去的折磨，这个男人永远不会知道自己有多喜欢自己的女友，永远不知道珍惜自己所拥有的幸福。

对于我们来说也一样，只有经历过折磨的痛苦，我们才更能体会到获得的喜悦，才更能珍惜自己的一切。生来富足，没有经历过磨难的人，即使获得了巨大的成功，也不会感觉到无比的喜悦。第一，他觉得一切都是理所应当、顺理成章的，顺境让他没有体会到成功必须付出的代价。第二，他没有付出比别人更大的努力。第三，没有磨难作为对比，没有体会到折磨的痛苦，自己心里没有落差，喜悦就没有那么巨大。

事实上，这样幸运的人实在是少见。人们通常都是经过一番折磨、一番痛苦才收获成功的。所谓“不经一番寒彻骨，哪得梅花扑鼻香”，只有经历了生命中的冬天，经历了生活无情的磨砺，才知道成功的不易。

唐僧历经九九八十一难才取得真经。有人说，那只不过是神话，事实上，唐玄奘从中国陕西，徒步到印度去，经历的艰难险阻，困难折磨，只会比神话中更多。他要穿越危险的丛林，干旱的沙漠地带，古代的交通不发达，他绕了很多远路，历经了很多危险，才到达印度，把印度佛法带到中国来。与此相似的，还有著名的鉴真大师，他8次渡海，才到达日本，历经了海上的风浪危险，鉴真大师的一双眼睛失明了。日本大昭寺中，受万人敬仰的鉴真大师，不是平白无故就得到世人敬重的。日本人的傲慢世人皆知，他们肯对一个平凡的中国人顶礼膜拜，不是没有原因的，因为他历经磨难，把中国先进的佛法和建筑文化带到了日本，因为他是坚强意志和善良本性的化身。

事实上，我们要获得成功，历经的艰难绝不会比他们多。因为，社会越来越进步，我们的条件越来越优越，只要我们坚持奋斗，就更容易获得成功。但是我们也要看到，随着社会的进步，大家都在追逐成功，追求卓越。竞争也越来越激烈，商人要争取大生意，几年前就开始准备，打通人脉，收集情报，训练人员，事事争先。而为了争取更好的职位，职员们更是加倍努力修炼自己，比能力，比做事效率，人人争先。在这样的竞争中，我们要想出人头地，也不是随便就可以做到的。在这个过程中，谁更有远见卓识，更有智慧，谁更早行一步，谁在面对折磨时更加冷静清醒，更早站起来，谁就能比别人拥有更多优势，就能更快到达人生的巅峰。

人生中有很多苦难，但所有的苦难中，几乎都藏匿着成长和发展的种子。在欢喜状态时，人们通常不会自我反省，也没有上进心。相反，在苦恼挫折的折磨中，我们反而会经常进行自我反省，不断进步，超越自己。因此，我们反而会在忧患中得到进步，得到成功的机会，这才是真正的幸福和欢乐的开始。没有磨难，就意味着没有进步。你没有进步，别人却在不断进步，你就会离成功越来越远。因此，磨难的痛苦，反而意味着获得的喜悦。我们要欢迎这种磨难，享受这种磨难，就像享受收获一样。

俗话说：“饿了吃糖甜如蜜，饱了吃蜜蜜不甜。”有了痛苦折磨的对比，收获的喜悦才会更加显著，如果我们一直沉浸在喜悦之中，反而不能够体会成功带来的成就感、快乐感，我们的快乐就会打折。

人世间总是先苦后甜，“宝剑锋从磨砺出，梅花香自苦寒来”。没有磨砺的痛苦，没有苦寒的折磨，甚至连自然界的一切都失去了它的魅力。明白了这个道理，我们就会更乐意体验折磨的痛苦，体会进步、收获带来的快乐。有苦有乐，才是人生；有失有得，才能成就大业。

## 只有努力，才能得到整个世界的瞩目

前段时间网上流行一个帖子，大概意思说那些看似成功的人士背后，实际上是有特殊背景的。他们并非完全依靠自己的努力而获得成功，他们所有的资源也是普通人根本不敢想象的。帖子里列举了很多名人，诸如股神巴菲特，如今大红大紫的阿里巴巴主席马云。毫无疑问，这些人都是光鲜亮丽的成功人士，也是大家羡慕的对象。为了让帖子的内容更使人信服，帖子后面还附上了这些名人的个人资料，只是为了证明这些人之所以能够成功，并不是完全凭借自己的能力，而是依靠家族或者是各种权贵关系的富二代和官二代。这个帖子无疑迎合了很多网友的心态，在看完这个帖子之后，大多数网友都觉得心中释然。原本他们都为自己为何不像那些成功人士一样成功而耿耿于怀，现在他们知道自己之所以不成功，并不是因为不努力，而是因为没有这些成功人士背后错综复杂的关系。不得不说，写这个帖子的人心中一定是失去平衡的。实际上，他之所以发这个贴子，也是为了安慰自己失衡的内心，从而在网上找到与自己属于同一个阵营的人，一起抨击这些成功的人士。

从深层的心理角度而言，他们甚至是为自己开脱，只是为了让大众都承认他们也是非常优秀的人，只是因为没有独特的背景和人际关系，所以才会始终默默无闻。实际上，有谁该为你的平凡买单呢？除了你自己，没有任何人会因为你是平庸还是伟大而受到影响。

每个人都怀揣着自己的梦想，在人生的道路上奔波。如果有人告诉你，你就算穷尽一生也无法实现自己的梦想，你难道会从现在开始就彻底放弃自己的梦想吗？对于这个问题，很多人给出的回答都是肯定的。这正是大多数人都碌碌无为、平庸无奇的原因。真正能够获得成功的，是那些绝不放弃自己梦想的人。很多人觉得梦想只有实现了，对于人生才有真实的意义，而实际上梦想更像是人生的指明灯，它帮助人在处于暗淡和看不到希望的情况下依然能够坚持自己内心的方向，坚持初心。有的时候，我们穷尽一生也未必能够实现自己的梦想，但是我们可以问心无愧地对自己说：“我真正努力过！”

梦想也并非只有成功才有意义。当我们为梦想付出毕生的努力，即使不能实现梦想，面对梦想，我们也可以坦然转身。这就是梦想的意义。似乎每一个人都在拼命地逃避失败，从而证明自己，却不知道失败是人生的宿命，从未有任何人能够完全摆脱失败。从某种意义上而言，与其费尽辛苦地寻找成功的捷径，还不如坦然面对失败。正如人们常说的，失败是成功之母，我们若是能从失败中吸取经验和教训，并且踩在失败的肩膀之上站起来，那么我们也就获得了真正的成功。

不管什么时候，我们都要记住，只有努力，才能得到整个世界的瞩目。不管结果如何，只要我们努力了，我们就无愧于人生，也是值得尊重的。人生从来没有固定的模式，就像人们常说“人生是一条没有归途的路，是一场没有归程的旅行”，那么在人生的路上看到了什么、感受到了什么，这才是我们真正能够从人生之中得到的。至于人生的结果如何，这并非完全取决于我们的努力，还是很多其他因素相互影响和作用的结果。所以我们对人生固然要执着，对梦想固然要坚持，但是在努力之后，我们也要学会释然，也要学会潇洒地转身。

少年们，要想拥有快乐的人生，我们最先要做的就是缩小生命中的痛苦，放大生命中的快乐，这样我们才会得到更多的满足和幸福。早晨起床的时候，呼吸着清新的空气，我们应该对人生满怀感恩；上下班的时候，如果交通畅行，没有堵车，那么我们也应该感到庆幸；或者只是发了几百块钱的奖金，我们也可以拿着这些钱去请朋友好好地吃喝一顿，这样的快乐是任何金钱和物质都换不来的。

记住，一个人并不是因为拥有更多的财富才会觉得幸福，而是因为他对待生活的方式积极乐观，因而才能得到幸福的青睐。

# 第八章 每个青少年都要相信自己，其实你很优秀

# 欣赏自己，别妄自菲薄

美国学者詹姆斯根据自己的研究成果，得出了这样的结论：“普通人只开发了他蕴藏能力的十分之一，与应当取得的成就相比较，我们不过是在沉睡，我们只利用了我们身心资源的很小的一部分，甚至可以说一直在荒废。”每个人都拥有一座潜能的宝藏。其实，我们每个人都拥有自己的价值，在内心深处潜藏着巨大的潜在力量，它一直在等待我们去挖掘。这种价值一旦被发现了，将给我们带来无穷的信心和能量。许多人不明白自己的价值所在，他们也不知道自己到底具有多大的潜能，所以，谁也不知道自己到底会有多么伟大。事实上，一个人的价值很多时候都是隐藏的，其实在每个人的身体里，都蕴藏着巨大的能量，这就是我们的价值所在。只要我们勇于去寻找真实的自我，激发出自己无穷的能量，就能够彰显自身的价值，这会让我们人生的每一刻都过得精彩。

约翰在哈佛音乐系研修钢琴，他的指导教授是一位有名的音乐大师。第一天，教授就递给约翰一份乐谱，说：“试试看吧！”由于乐谱的难度较高，约翰弹得错误百出，教授鼓励他说：“还不成熟，回去好好练习！”约翰回家练习了一周，打算在第二次课上让教授验收自己的成绩，但是，没想到教授又递给自己一份难度更高的乐谱，对他说："试试看吧！"约翰挣扎着应付高难度的挑战，然而，在第三周，更难的乐谱出现了。这种情形不断持续着，约翰每次上课都会被一份全新的、难度更高的乐谱所困扰，他怎么也赶不上进度，往往是上周的练习还没有驾轻就熟，而下一次挑战又来了。约翰感到十分沮丧，心中满是失望，甚至觉得自己根本不是学钢琴的料。

这天，他像往常一样进入了练琴室，却发现在钢琴上摆着一份全新的乐谱。"超高难度……"约翰翻着乐谱，喃喃自语，他似乎觉得自己的心跌到了谷底，自己练习钢琴已经3个多月了，每次练习，音乐教授都会拿出全新的乐谱，不断地提高难度。约翰勉强打起精神，开始了练琴。不一会儿，教授走进了教室，约翰忍不住了，他必须向教授询问这3个月为什么要这么折磨自己。但是，教授并没有说话，而是拿出了最早的那份乐谱，交给约翰："你来弹这份乐谱吧！"不可思议的事情发生了，在约翰的十指下，一曲美妙而精湛的曲子缓缓流出，教授慢慢说道："如果我不这样训练你，可能你现在还是在练习最早的那份乐谱，也就不会有这样的成绩出现。"

少年们，每个人的潜能是永远挖掘不完的，它就像一座永远挖不尽的金矿。只要相信自己，你就可以通过开发潜能来获得所需要的一切东西，一旦唤醒潜在的巨大力量，我们的生活就会出现奇迹。只要能善加利用这份潜在的力量，我们就能够实现自己的梦想。面对困难，我们往往不知所措，其实，我们并不是输给了困难，而是输给了我们自己，有时候，我们会低估自己的能力。

你永远比你想象中更优秀。在现实生活中，也许我们会遭遇许多困难，导致一些问题没能得到解决。其实，问题本身没有太大的难度，而是我们把问题想得太复杂了，以至于我们不敢去面对它。如果仅仅是因为低估了自己的能力而失败了，那自然是得不偿失的。所以，相信自己，努力挖掘自己的潜能，让人生变得更精彩！

## 自信，是成功的基石

有一个美国青年叫亨利，他个子很矮，内心很自卑，30多岁依然一事无成，整天坐在公园里唉声叹气。一天，亨利的好朋友找到他，兴高采烈地对他说：“亨利，我有一个关于你的好消息！”亨利不相信，没好气地说道：“我哪有什么好消息。”朋友高兴地说：“真的是好消息，我看到一份杂志，里面有一篇文章，讲的是拿破仑有一个私生子流落到美国，这个私生子又生了一个儿子，他的全部特点跟你一样，个子矮矮的，讲的是一口带有法国口音的英语……”亨利半信半疑：“真的是这样吗？”开始，亨利不愿意相信这是事实，可是，当他拿起那本杂志琢磨了半天，他终于相信自己就是拿破仑的孙子。

这一发现让他完全改变了自己的内心，以前，亨利觉得自己个子矮小，非常自卑，现在，他开始欣赏自己的这一特点，他心想：矮个子有什么不好！我爷爷就是靠这个形象指挥千军万马；以前，他觉得自己的英语讲得不好，像个乡巴佬一样，但是，现在，亨利为自己拥有带法国口音的英语而自豪。亨利变得无比自信起来，每当遇到困难的时候，亨利就对自己说："在拿破仑的字典里是没有'难'字的。"就这样，亨利一直相信自己就是拿破仑的孙子，他克服了一个又一个困难，三年之后他成为一家大公司的董事长。后来，亨利请人去调查自己的身世，发现自己其实并不是拿破仑的孙子，但是，亨利说："现在我是不是拿破仑的孙子，已经不重要了，重要的是我懂得了一个成功的秘诀，人生不能没有自信。"

心理学研究中把这种因外界某种刺激的作用而激发了一个人的自信心，使人重新振作，努力实现自己想的心理现象称为"自信心效应"。自信心是一个人对自己力量充分估计的一种自我体验，是自我意识的能动表现。每一个想要成功的人都不可能缺少强烈的自信心，艺术大师徐悲鸿曾说："人不可有自负，但不可无自信。"如果说自卑是成功的敌人，那么自信就是成功的第一秘诀。

少年们，在生活中，有许多身有残疾或者处于逆境的人，他们之所以能取得旁人难以想象、难以达成的成就，正是因为他们有一股强大的精神动力——自信心。一个自信心很强的人，他会相信自己的力量，无论什么样的困难与挫折都不能阻挡他前进的步伐，从而赢得成功。相反，一个缺乏自信心的人，他看不到自己的力量，看不到自己的优点与长处，在追逐目标的过程中，他失去了克服困难的信心和勇气，最终，他只能面对失败，而与成功失之交臂。人生需要有自信心，永远不放弃自己追寻的目标，那就没有什么不可能实现的。

## 相信自己，你很棒

生活在这个世界，许多人都会认为自己是渺小的、容易被忽视的。他们心里常常会这样想：我不过就是一个小人物，又能有多大的作为呢？在这样的心理作用下，他们变得越来越自卑，不敢相信自己，甚至否定自己的能力与学识。其实，谁不是渺小的呢？但是，我们更应该记住，即使再渺小的人和事，它们都有着不可替代的功用。哪怕是路边不起眼的一丛小草，它们也为这个世界增添了一抹动人的绿意。或许，它们在你眼里也是极其渺小的，甚至是可以忽略不计的。但是，它们对于这个世界，依然有点缀的作用。更何况我们还生存着，拥有着生命，我们对于这个世界更有着不可替代的作用。

他祖宗三代单传，爷爷和父亲都是面朝黄土背朝天的农民，他觉得自己一定要有出息。可是，成绩还不错的他在高考那年落榜了，失望的他偶然听到“自古军营多俊才”的俗语，他想：说不定自己到部队还能干出点名堂、混出个模样来。他怀揣着梦想来到了部队，做了一名普通的通信兵。刚开始的时候，他很高兴、自豪。可是，日子久了，整天不是爬杆架线就是打线结，要不就是背着线跑来跑去，他开始犹豫了，当个小卒有啥用？他开始食不甘味，什么也不想干了。

有一次，他与战友下象棋。一开局，他就发起了猛攻，“当头炮”“把马跳”“出车”“飞相”，你来我往，各不相让。没想到对方将不起眼的小卒用得很好，小卒过河之后，竟撵着他的“车”“马”躲躲闪闪，最终他输在了对方的小卒上。“怎么样，小卒子挺厉害吧！”战友面带微笑地望着他。他虽然嘴上说厉害，但心里还是不服，于是他又请对方再来了一局，结果他还是输在了小卒上，这下他真的服了。

原来，那不起眼的小卒也有着不可替代的功用。所谓“小卒过河赛大车”，是说小卒过了河就有万夫不当之勇。即便是再威武的将军，最后也可能败在小卒的手下。小卒，看起来不起眼，但是，它发挥出的作用却是很大的。或许，在生活中，我们只是平凡岗位上的一名“小卒”，可能是街边的清洁工，可能是普通的小职员，可能是一个小士兵，可能是一个普通的服务员。不过，我们依然可以做出不平凡的事情来。无论从事多不起眼的工作，我们都能为这个社会带来利益，这就是我们不可替代的作用。

少年们，我们既没有显赫的身世，也没有卓越的能力，每天所做的就是安分守己，贡献自己微薄的力量。但是别忘记了，你依然是社会中的一分子，你的工作、你的事业依然是跟所有人联系在一起的。这就像是一根链条，若是少了一个小小的螺丝钉，也会影响到整条链本身的作用。因此，千万不要忽视自己的作用，而是要相信自己，做好自己。

## 无论遭遇了什么样的挫折，都不要随意地否定自己

有人说：“每个人都可以成为展翅翱翔的雄鹰，重要的是，你不要在心里给自己设限，在心里给自己制造失败。”现实生活中，我们常常会模糊自己真实的内心，习惯于在心里给自己设限，进而产生一种挫败感，最后导致我们还没有翱翔于蓝天就落地了。如果我们习惯了自我设限，那么，我们的心就会失去向上生长的动力，只能在被束缚的范围里无助地挣扎。所以，不管我们遭遇了什么样的挫折，都不要随意地否定自己，否定自己就意味着扼杀自己的潜力和欲望。

台湾著名美学大师蒋勋曾写道：“每个人完成自我，才是心灵的自由状态；每一个人按照自己想要的样子完成自己，那就是美，完全不必有相对性。天地之下可以无所不美，因为每个人都发现自己存在的特殊性。大自然中，从来不会有一朵花去模仿另一朵花；每一朵花对自己存在的状态非常有自信。”即使遭遇了疾病的折磨，富兰克林·罗斯福也并没有给自己心理设限，反而鼓起勇气来直面自己，挑战命运，完全地接纳了自己。其实，无论是身体的缺陷还是生活中的困难与挫折，这都不是心理设限的借口，更不是自暴自弃的理由。我们要敢于

突破内心的束缚，释放自己最真实的内心。

在美国纽约街头，有一位卖气球的小贩，每当自己生意不怎么好的时候，他就会使用这样的方法：放飞几只气球到天空。这样一来，一些小朋友就会被吸引来玩耍，自己的生意又会好起来，那些被气球吸引过来的小朋友都争着买他的色彩漂亮的气球。

有一天，当他向空中放飞了几只气球的时候，他发现了在一大群围观的孩子中间有一个黑人孩子用一种疑惑的眼神看着天空。小贩很奇怪，他在看什么呢？顺着黑人孩子的眼光看去，他发现空中正飘着一只黑色的气球。也许孩子正在想，这只黑色气球是否代表着自己呢？

小贩走上前去，用手轻轻地抚摸黑人孩子的头，微笑着说："孩子，黑色气球能不能飞上天，在于它心中有没有想飞的那一口气，如果这口气够足，那它一定能飞上天空。"

许多人在面对挫折与困难的时候，心底都会传出这样的声音：我做不到的。自己束缚了内心，最终就真的没有做到。齐克果曾经说："一旦一个人自我设限，并且一直认定自己就是个什么样的人时，他就是在否定自己，甚至他不会自我挑战，只想任由自己一直如此下去，而这终将导致自我毁灭。"其实，"我做不到"是一种逃避的心态，在还没有开始之前，自己就先被打倒了，如果我们始终以这样的逃避心态面对人生，那么，将会为自己留下许多难以弥补的遗憾。因此，我们应该突破内心的束缚，当心开始恐惧的时候，我们应该大声对自己说：“你一定能做到的。”不断地暗示自己，释放出真实的内心，以此获得最后的成功。

有人这样种南瓜：当南瓜只有拇指大的时候，就把它装在罐子里，一旦它渐渐长大，就会把罐子内的空间占满，等到没有多余的空间了，南瓜则会停止成长，于是，南瓜就一直维持在罐子里的那种形状了。我们的心就如同南瓜一样，当它习惯了自我设限，在被束缚的范围里就不能自由生长，它会逐渐失去继续生长的动力，只能在原地徘徊。

其实，束缚是源于内心的不确定或者不自信，当我们能够坚定告诉自己“一定能行”，从内心深处建立起强大的自信时，这种不确定或者不自信的束缚将会消失，从而释放出真实的自我。所以，在人生前进的路上，少年们，不要忘记告诉自己：“你一定能行的！”

## 始终相信自己，告诉自己“我能行”

“相信自己，你将赢得胜利，创造奇迹；相信自己，梦想在你手中，这是你的天地；相信自己，你将超越极限，超越自己；相信自己，当这一切过去，你们将是第一……”一首歌唱出的是有志者的心声，传递的是一种向上的力量。是的，相信自己，对自己大声说一句“我能行”，有这样的气魄，有这样的心态，还有什么过不去的坎儿呢？

在法国富翁巴拉昂去世后，《科西嘉人报》刊登了他的一份特别遗嘱：我曾是穷人，但当我走进天堂时，我是一个大富翁。在跨入天堂之门前，我不想把我的致富秘诀带走。在法兰西中央银行，有我的一个私人保险箱，那里面藏有我的秘诀。保险箱的三把钥匙在我的律师和两位代理人手中。谁若能通过回答“穷人最缺少的是什么”而猜中我的秘诀，他将得到我的祝贺，他可以从那只保险箱里幸运地拿走100万法郎。

这个消息刊登出来之后，一大批信件依次寄了过来，所收到的答案也是五花八门。一年后，也就是巴拉昂逝世周年纪念日，律师和代理人按巴拉昂生前的交代，在公证部门的监督下打开了那只保险箱。在48561封来信中，一位叫蒂勒的小姑娘猜对了巴拉昂的秘诀，答案是：穷人最缺少的是梦想，也就是成为富人的梦想。贫穷使他们安于现状，他们扼杀了自己成为富人的梦想。所以他们才会一次次地与财富失之交臂。

如果想摆脱目前的生活状况，我们首先要告诉自己我们会成为富翁，我们将要生活在富裕的环境中。确立了这样的信心后，我们要冷静、坚定、自信地守护着自己的理想。只要我们相信梦想，也相信自己，那么终究会有你梦想成真的一天。

2001年5月20日，美国有一位名叫乔治·赫伯特的推销员，成功地把一把斧子推销给了小布什总统。布鲁金斯学会得知这一消息，把刻有“最伟大推销员”的一只金靴子赠给了他。这是自1975年以来，该学会的一名学员成功地把一台微型录音机卖给尼克松后，又一学员获得如此高的荣誉。

原来，布鲁金斯学会以培养世界上最杰出的推销员著称于世。它有一个传统，在每期学员毕业时，设计一道最能体现推销员能力的实习题，让学生去完成。克林顿当政期间，他们要求学员把一条三角裤推销给时任总统。8年间，无数个学员绞尽脑汁，可都无功而返。克林顿谢任后，布鲁金斯学会把题目换成：请把一把斧子推销给小布什总统。

鉴于前8年的失败与教训，许多学员知难而退。

乔治·赫伯特经过分析认为，把一把斧子推销给小布什总统是完全可能的，因为布什总统在得克萨斯州有一农场，农场里有许多树。

于是乔治·赫伯特就给小布什写了一封信，说："有一次，我有幸参观您的农场，发现上面长着许多矢菊树，有些已经死掉，木质已变得松软。我想您一定需要一把小斧头，但是从您现在的体质看来，这种小斧头显然太轻，因此您仍然需要一把不甚锋利的老斧头。现在我这儿正好有一把这样的斧头，它是我祖父留给我的，很适合砍伐枯树。假若您有兴趣的话，请按这封信所留的信箱，给予回复……"

最后，出人意料的是，小布什真的给乔治·赫伯特汇来了15美元。

乔治·赫伯特成功后，布鲁斯学会在表彰他的时候说："金靴子奖已空置了26年。26年间，布鲁金斯学会培养了数以万计的推销员，造就了数以百计的百万富翁，这只金靴子之所以没有授予他们，是因为我们一直想寻找这样一个人，这个人从不因有人说某一目标不能实现而放弃，从不因某件事情难以办到而失去信心。”

少年们，许多事情我们之所以做不好，不是因为它的难度困住了我们，而是因为我们自己困住了自己。没有自信，不相信自己能够做到，那么不管难易，事情永远得不到解决。相信自己，只有自信，才能让自己迈出步伐，成为最出色的自己。

生活中，要树立坚定的目标，有目标才会产生内心的积极信念，才会鼓舞自己去开拓，去实现。我们要把不可能变成可能，相信自己会做得更好，这样才能得到自己最想要的结果。

## 放下自卑，学着欣赏自己

自卑是一种什么状态？自卑的人常常觉得自己一无是处，看不到自己的未来，人生总是充满着灰暗。是啊，如果陷入了这个泥沼，真是苦不堪言，内心无比纠结与痛苦，所以我们要学会欣赏自己，肯定自己，摆脱自卑的困扰。要学会欣赏自己的优点，不要只是抱怨自己的不足，要放下自卑，自信地迈向成功，这样才会幸福。

在我们的日常生活中，很多人都对自己缺乏自信，也许是因为生活的贫穷，也许是因为长相的平凡，也许是因为能力的不足。然而，有时候自卑只是自己给自己施加的压力造成的，这时候，我们应放下包袱，好好地正视自己，给自己加油，这样自卑才会消失。当我们远离了自卑，就会发现我们离幸福越来越近了。

有这样一个年轻人，生活非常落魄，有一天他决定去巴黎找工作，于是就去拜访他父亲的一位朋友，希望这位叔叔可以给他提供一些帮助。

“你的数学怎么样？”叔叔问。年轻人羞涩地摇头。

“那么历史和地理呢？”年轻人还是不好意思地摇头。

“那法律怎么样？”这时候年轻人的头低得越来越低，面对这位叔叔一连串的询问，他非常地羞愧。他感觉自己似乎没有任何长处，连丝毫的优点也找不到。

“好吧，你把自己的住址写下来吧，我为你打听打听有没有什么工作。”叔叔最后说。

尽管满心羞愧，但是年轻人还是认真地写下了自己的名字和住址，转身要走，却被这位叔叔一把拉住了：“你的名字写得很漂亮嘛，这就是你的优点啊。”把名字写好也算一个优点？年轻人在对方眼里看到了肯定的答案。

我能把名字写得叫人称赞，那我就能把字写漂亮，能把字写漂亮，我就能把文章写得好看……受到鼓励的年轻人，一点点地放大着自己的优点，他的脚步立刻轻松起来。

想不到的是，多年以后他的梦想真的成真了，他写出了享誉世界的经典作品。这个年轻人就是家喻户晓的18世纪法国著名作家大仲马。

还有一个故事相信会让大家有所触动。

有一个小姑娘，她最大的梦想就是能让自己的歌声飘在世界的各个角落，成为一个出色的歌唱家。可是她长相不好，尤其是她有一口龅牙，当她第一次在一家夜总会面对众人公开演唱时，一直试图把上嘴唇拉下来以遮盖牙齿，期望能表现得好看一些，结果却适得其反，出尽洋相。

此时的她非常失望，对于外表的自卑让她在内心认定了自己的失败。可是这时有一个人却感觉这是一个很有天赋的小姑娘，他说："我一直在看着你的表演，并且明白你想掩藏自己，你是不是感觉自己的牙齿长得很难看？"小姑娘显得非常窘迫，可那人依然接着说："牙齿的美丑不是什么罪过，你不要刻意去遮掩，你的歌唱得真不错，你却看不到这一大优点，大胆去张嘴唱歌，假如你自己不在乎的话，观众也会喜欢的，也许那些你想遮起来的牙齿还会给你带来好运呢。"

听完这一番话，小姑娘信心倍增，她学会了忘记自己的缺点，演唱时一心只想着观众，完全投入进去。她张大嘴巴，热情欢快地唱，终于成为一名娱乐界的明星，很多演员现在都刻意模仿她呢。

我们总是羡慕别人的优点，挑剔自己的缺点，于是我们在经历了各种诱惑和挫折之后，按照别人喜爱的模样，按照别人的优点不断地修剪自己，把自己变成另一个模样。在这个过程中，我们独独忘记了欣赏一下自己的优点。

其实，每个人都是一道亮丽的风景，每个人都有自己的优点和长处。尽管我们并不完美，但是我们依然有自己美好的一面，有自己独特的优点。少年们，如果我们能够多发现自己身上的美，多欣赏自己的优点，我们便会变得越来越好。

怎么才能更好地挖掘出自己的优点呢?

1.正确认识自己

连自己都不了解，你怎么能挖掘出自身的优点呢？所以说我们要学会好好地审视自己，正确认识自己，看到自己的长处和短处。只有我们认识自我，在取得成绩时，才能保持平常心，不骄傲自满，丧失自我，对自己的能力进行过高的估计；只有我们认识自我，在遇到挫折和失败时，才不会被其击倒，一如既往地朝着自己既定的目标而努力，不会对自己进行过低的评价。

2.探寻自己的兴趣爱好

兴趣爱好是让人获得更高成就的助力器。如果你能对某个方面非常喜欢，那么你就会非常努力地去把它做得更好，这样下来，你就能够在这一领域比很多人做得更加出色。这就是你的优势所在。

# 第九章

# 信念是一种力量，青少年要坚信自己的梦想

## 你，正如你所思

美国著名学者爱默生曾说：“你，正如你所思。”研究那些所谓的成功者的成长经历，发现他们对自我都有一种积极的认识和评价，从而产生一种相当的自信。这种自信是一种魔力，使他们在认清自己的现状之后，依然能够保持奋勇前进的斗志，而这也是他们必须依赖的精神动力。每个人都梦想过自己能成为什么样的人，也许是科学家，也许是医生或者律师，不过，大多数人却只停留在梦想上，而不去实践。事实上，做自己想做的人，其实很简单，只要相信自己，朝着梦想勇敢地奋进，那么我们就真的能够成为我们所希望的那个人。

有一天，著名成功学家安东尼·罗宾接待了一位走投无路、风尘仆仆的流浪者。那人一进门就对安东尼说：“我来这儿，是想见见这本书的作者。”说着，他从口袋里掏出了一本《自信心》，这本书是安东尼多年以前写的。安东尼微笑着请流浪者坐下，那人激动地说：“是命运之神在昨天下午把这本书放入了我的口袋中，因为当时我已经决定要跳进密歇根湖，了此残生。我已经看破了一切，我对这个世界已经绝望，所有的人都抛弃了我，包括万能的上帝。不过，当我看到了这本书，我的内心有了变化，我似乎看到了生活的希望，这本书陪伴我度过了昨天晚上，我下定了决心，只要我能见到这本书的作者，他一定能帮助我重新振作起来，现在，我来了，我想知道你能帮助我什么呢。”安东尼打量着流浪者，发现他眼神茫然、满脸皱纹、神态紧张，他已经无可救药了，但是，安东尼不忍心对他这样说。

安东尼思索了一会儿，说：“虽然我没有办法帮助你，但如果你愿意的话，我可以介绍你去见本大楼的一个人，他可以帮助你东山再起。”听了安东尼的话，流浪者跳了起来，他抓住安东尼的手，说道：“请你带我去见这个人！”安东尼带着他来到从事个性分析的心理实验室里，面对着一块看来像是挂在门口的窗帘布，安东尼将窗帘布拉开，露出一面高大的镜子，流浪者看到了自己，安东尼指着镜子说：“就是这个人，在这个世界上，只有你能够使你东山再起，除非你坐下来，彻底认识这个人，当作你从前并不认识他，否则，你只能跳进密歇根湖了，只要你有勇气来重新认识自己，你就能成为你想做的那个人。”流浪者仔细打量自己，低下头，开始哭泣起来。几天后，安东尼在街上碰到了那个人，他已经不再是一个流浪汉了，而是一名西装革履的绅士。后来，那个人真的东山再起，成为了芝加哥的富翁。

少年们，如果对自己感到失望，而失去了生活的希望，那么，能够挽救自己的只有一个人，那就是自己。很多时候，我们希望上帝能救赎自己，甚至把自己的处境归结为被所有人抛弃了，其实，没有人能够抛弃自己，除非你自己抛弃了自己。

当生活遭遇挫折与困难的时候，我们唯一能做的就是勇敢向前，一步一步走出困境，最后，才能达成梦想，成为自己想做的那个人。

小时候，幼儿园老师总是有意无意地引导我们："将来长大了想做什么样的人？"有时候，我们会认为自己天生就知道自己能做个什么样的人。但是，长大后我们会发现，我们中的大多数人早已忘记了儿时的梦想，在成长过程中，由于缺乏了勇气，我们将梦想搁浅了。不过，一个人究竟想成为什么样的人，或者内心深处想做什么样的人，这种感觉是不会变的。在追逐梦想的过程中，我们应该勇敢向前，克服畏惧心理，努力成为自己想做的那个人。

## 少年心中有信念，就有巨大的力量

马丁·路德·金曾说："如果你自己的信念还站立着的话，那么在这个世界上没有什么能够使你倒下。"有人曾问卡耐基："是一种什么力量驱使你坚持了这么多年？"他只回答了两个字："信念。"信念，当然是信念，心中怀着一份坚定的信念，执着地走下去，把实现人生目标作为一种人生的信念，这样才能产生巨大的力量。许多人失败了，并不是因为他们没有目标，而是因为他们没能够坚定自己的信念，缺少了信念，他们就失去了坚持下去的力量。信念，是一个人成功的根本。信念的力量是巨大的，它支持着我们生活，催促着我们奋斗，推动着我们不断地进步。正是信念，创造了世界上一个又一个的奇迹。

在2008年年末，英国《人物》周刊居然让一条狗登上了它的封面，并对这条狗作了以下的描述：“它是降临在浮躁的英国的一种力量，它是笃定而欢快地照耀在任何一位迷失者前方的一盏路灯，它是早就藏好了眼泪和悲伤、只表露笑容与歌声的一种幸福，它的名字叫信念，它是一条狗，它是一条两条腿、像人类一样直立行走的狗。”

信念，本身就蕴含着巨大的力量，它将帮助我们走上成功之旅。

高尔基说：“只有满怀信念的人，才能在任何地方都把信念沉浸在生活中并实现自己的意志。”一个对信念不够坚定的人，他就像一根潮湿的火柴，永远不可能被成功的火焰点燃。许多人的失败的原因不是因为他们不能成功，而是因为他们缺少了那份信念。

有一队人马在荒凉的沙漠中艰难地跋涉，他们已经在沙漠里走了很久很久。太阳不客气地释放着光和热，他们随身带的水已经不多了，随时都会有生命的危险。他们走了很长的一段路，最后，大家都走不动了。这时，领队的老人从自己背上解下一只水桶，对大家说：“现在只剩下一桶水了，我们要等到最后一刻再喝，不然大家都会没命的。”

于是，他们继续无比艰难的旅程，而那桶水成了他们心中唯一的希望，望着那沉甸甸的水桶，每个身体疲惫的人心中都有了对生命的一种信念：一定要坚持到旅程的最后一刻。但是，天气太炎热了，一个小伙子实在撑不下去了，他向老人乞求："老伯，让我喝口水吧。"老人生气地回答："不行，这水要等到最艰难的时候才能喝，你现在还可以坚持一会儿。"就这样，老人坚决地回绝了每一个想喝水的人。

眼看到了黄昏，大家发现领队的老人已经不见了，只有那个水桶孤零零地躺在前面的沙漠中，在沙地上写着一行字："我不行了，你们带上这桶水走吧，要记住，在走出沙漠之前，谁也不能喝这桶水，这是我最后的命令。"每个人都抑制住内心的那份悲痛，继续向前出发了，而那只沉甸甸的水桶在每个人手里依次传递着，谁也舍不得喝上一口，因为他们清楚这是老人用自己的生命换来的。终于，他们走出了沙漠，喜极而泣之余，他们想到老人留下的那桶水，然而，打开桶盖，从里面流出的却是沙子。

居里夫人说："生活对任何人而言都非易事，我们必须有坚忍不拔的精神，最要紧的，还是我们自己要有信念，我们必须相信，我们对每一件事情都有天赋，而且，付出任何代价，都要把这件事情完成，当事情结束的时候，你就能问心无愧地说：'我已经尽我所能了。'"

少年们，信念和希望是生命的力量，在许多时候，打败自己的并不是环境，而是自己。只要我们心中还保留着一丝希望，就要坚定自己的信念，努力追求，努力奋斗。在生活中，无论自己的处境多么糟糕，我们也要在心底保持一份信念，因为信念能使我们释放出强大的力量。只要信念还在，那么希望就能够永存，命运也会对我们做出让步。

## 坚守信念，任何时候都要相信自己

生活中，我们要学会坚守心中的那块“土地”，因为它会给自己带来好运。其实，坚守心中的那块“土地”，就是要在任何时候相信自己。哲人说：“面对任何问题都要持怀疑态度，以好奇的态度进行思考。”当然，对问题的怀疑将意味着我们需要证明自己心中的想法是正确的，但这时候我们怀疑的是问题本身，而不应该是自己。在任何质疑面前，我们都不要怀疑自己，而是应该大胆证明自己。当然，这需要绝对的自信与勇气。

克里斯托莱伊恩是英国一位年轻的建筑设计师，幸运的他被邀请参加了温泽市政府大厅的设计，克里斯托莱伊恩没有运用工程力学，而是根据自己的经验，巧妙地设计了只用一根柱子就支撑大厅天花板的预案。一年过去了，当市政府请权威人士来验收工程的时候，却对克里斯托莱伊恩设计的一根支柱提出了异议。他们认为用一根柱子支撑天花板太危险了，要求克里斯托莱伊恩再多增加几根柱子。克里斯托莱伊恩十分自信地说：“只要用一根柱子便足以保证大厅的稳固。”他完全相信自己的计算和经验，拒绝了工程验收专家的建议。不过，克里斯托莱伊恩的固执惹恼了市政府官员，他差点因此而被送上法庭。在这样的情况下，克里斯托莱伊恩只好在大厅周围增加了4根柱子，不过，这4根柱子全都没有挨着天花板，之间相隔了两毫米。

300年过去了，温泽市的市政官员换了一批又一批，但是，市政府大厅依然坚固如初。一直到20世纪后期，当市政府准备修缮大厅的时候，才发现了这个秘密。当时，消息一传出，轰动了世界，各国著名的建筑师都慕名而来，欣赏这几根神奇的柱子，他们看到了在大厅中央圆柱顶端写着的一行字："自信和真理只需要一根支柱。"而克里斯托莱伊恩这位伟大的设计师只留下了这样一句话："我很自信，至少100年后，当你们面对这根柱子的时候，只能哑口无言，甚至瞠目结舌，我要说明的是，你们看到的不是什么奇迹，而是我对自己的一点坚持。"

即使遭到了质疑，克里斯托莱伊恩依然坚信自己的设计是正确的，而时间证明了一切。然而有的人其实已经触碰了真理，但却因此而怀疑自己，最终错过了成功的机会。

1900年，著名教授普朗克和儿子在花园里散步，他看起来神情沮丧，遗憾地对儿子说："孩子，十分遗憾，今天有个发现，它和牛顿的发现同样重要。"原来，他提出了量子力学假设以及普朗克公式，但是，由于他一直很崇拜牛顿并虔诚地将牛顿的理论奉为权威，而自己的发现将打破这一完美理论，他有些怀疑自己的判断，最终他宣布取消自己的假设。不久之后，25岁的爱因斯坦大胆假设，他赞赏普朗克假设并向纵深处引申，提出了光量子理论，奠定了量子力学的基础。随后，爱因斯坦又突破了牛顿绝对时空理论，创立了震惊世界的相对论，并一举成名。

对自己的怀疑，常常会让我们失去成功的机会，或是让我们放慢前进的脚步。普朗克对自己的怀疑，使整个物理理论停滞了几十年。所以，任何时候，都不要怀疑自己，而是要努力、勇敢地证明自己，这样我们才有可能站在成功的顶峰之上。

少年们，面对强大的势力，面对重重的困难，面对许多的诱惑，我们是否需要坚守心中的那份自信呢？总是不断地怀疑自己，这是缺乏自信的人所表现出来的特点。缺乏自信的人，他们不敢，甚至畏惧相信自己的想法和判断；缺乏自信的人，他们想办法证明的是自己是错误的，因为他们内心畏惧出错。

怀疑自己，只会成为我们成功之路的障碍，只会使我们放慢前进的步伐，所以，对自己多一份自信，相信自己，千万不要轻易怀疑自己，同时，我们应该鼓起勇气去证明自己。

## 一步一个脚印，要踏踏实实地坚守自己的位置

世界上没有一步登天的奇迹，所有成功者总是恪守自己

“脚踏实地”的原则，做任何事情都会循序渐进。他们明白，要想获得成功，就必须从一件小事做起，哪怕是一件微不足道的小事。他们只专注于现在所拥有的工作，认为用投机取巧的方法来获得成功是永远不可取的，尽管这种方法可能使他们在短时期内获得一两次的成功，但是不能获得长久的成功。他们更愿意通过慢慢添加一砖一瓦的方式，踏踏实实地坚守自己的位置，最后打造出属于自己的一片天地。

犹太人哈同在1872年独自一人来到中国上海谋生，当时他24岁。他看起来是一个年轻力壮的青年人，但是他身上除了自己穿着的衣服以外，一无所有。他既没有一点资本，也不懂专业知识和技术。但是他来中国的目的是赚钱发财，于是，他根据自身的情况，决心从找到一个立足点开始。

他凭着自己长得魁梧高大的身材优势，在一家洋行找到了一份看门的工作。哈同并没有为自己的这份工作感到丢脸，他认为通过为别人看门赚来的钱也是一种报酬，并没有使自己失去身份。他希望以这份工作作为一个立足点，通过自己的努力奋斗，积蓄力量，终会找到能赚更多钱的路子。

哈同对自己的工作非常认真，忠于职守。另外，他还常常利用自己晚上休息的时间阅读一些经济和财务的书籍，来增加自己的知识。老板渐渐发觉哈同是个出色的员工，而且很聪明，于是就把他调到业务部门当办事员。哈同一如既往地工作，业绩也越来越突出，逐步被提升为行务员、大班等。这时候，他的收入已经大大增加了，可是满怀志向的他并没有知足。他想拥有自己的企业，于是，他在1901年离开了工作岗位，开始自己独立经营商行。

哈同自己创办的商行取名为“哈同商行”，主要以经营洋货买卖为主。他独特的眼光使他发现洋货在中国市场上的竞争品不是很多，而消费者就难以“货比三家”。因此，他神不知鬼不觉地获得了高额利润，使自己的商行越办越大。

哈同能够从一个看门工做到了商行的老板，这正体现了一种敬业精神。一个看门工，可能是大多数人都瞧不起的活，是别人不愿意干的，他们觉得自己相貌堂堂、年轻高大，怎么会屈于当看门工呢。可是哈同不这么认为，他把这作为成功的一个起点。我们如果注意哈同的工作历程，就不难发现他成功的秘诀，那就是“脚踏实地，循序渐进”。他对自己的每一份工作都做到勤勤勉勉、忠于职守，并且不急于求成，而是循序渐进，慢慢登上成功的山顶。

少年们，“罗马不是一天建成的”，聪明的犹太人正是坚信这样的道理，才能够在世界享有盛名。中国也有句相似的格言，“千里之行始于足下”，它们所表达的是同一个意思。我们在面对任何一件事情的时候，都要脚踏实地，循序渐进地努力，才能获得最后的成功。正所谓“一屋不扫，何以扫天下”，凡成大事者需要从小事做起，踏踏实实地做好生活中的每一件事，多做小事才能成就大事。

# 坚持目标，为自己奋斗

每个人都要保持终身不变的理想：为自己奋斗。在我们的人生历程中，自己希望成为一个什么样的人呢？国家元首、企业家、艺术家、演说家、经济学家，还是仅仅是一个善良的普通人。其实，这一切都将取决于我们，也就是为自己而奋斗。因为我们的命运由我们自己主宰，在实现自己的人生价值这件事上，没有人可以取代我们。我们一定要为自己而奋斗，在我们的内心深处，都存在一种潜意识，也就是我们付出了什么，我们就将会收获什么。

大约在50年前，一个小女孩诞生在田纳西州那士维市郊。她有严重的生理缺陷，使她不能像一般人一样走路。虽然她有一个温馨的基督教大家庭。可是，当兄弟姊妹在外头享受奔跑和玩耍的乐趣时，她却必须被支架所限制。

父母定期带她到那士维接受物理治疗，但小女孩痊愈的希望仍很渺茫。“我能像其他小孩一样跑步和玩耍吗？”她问父母。

“亲爱的，你只要相信，”他们回答，“你若相信，神就能叫这事发生。”她把父母的话放在心中，相信神能使她不必靠支架走路。她常瞒着父母和医生，靠兄弟姊妹的帮助，练习解开支架走路。在12岁生日那天，她当着父母的面前解下支架，不靠别人搀扶，自己在医生的办公室周围绕行。此举叫她的父母大感意外，医生简直不能相信她的进步，她从此不必戴着支架了。

她的下一个目标是打篮球。她继续运用信心和勇气以及她未曾发育的双腿去参加学校篮球队。教练挑了她的妹妹入队，却拒绝了这个勇敢的女孩。她的父亲，一位智慧和蔼的先生，告诉教练："我的女儿们是一对。你若要其中一个，另一个也要接受。"教练只好勉强让她加入。于是她得到一件旧队服，被允许跟其他队员一起练习。

一日她去找教练。"你若每天多给我10分钟训练，我就给你一个世界级的选手。"教练笑了，但他知道这小女孩是认真的冠军。16岁那年，她成为全国最佳的年轻选手，被选派参加在澳大利亚举行的奥林匹克运动会跑400米接力赛的最后一棒，赢得了铜牌。她对这样的成就并不满意，于是再接再厉，4年后再次参加1960年的罗马奥运会。那一次，她赢得100米短跑、200米短跑的冠军，又在400米接力赛中的最后一棒中夺标，为全队赢得胜利。当年她更锦上添花，被选为全美最佳业余运动员，获得了极高荣誉苏利文奖。她就是维玛·鲁道夫。

如果有人问她为什么会这样成功，她会回答：因为我一直在为自己而奋斗。在这个世界上，没有什么比这个理由更适合成为理由了。在通往成功的路途中，有的人始终找不到前进的方向，其实并不是他们缺少能力，而是在于他们尚未明确自己到底是为了什么而奋斗。自己，当然是自己，难道这个世界还有比自己更重要的人值得为之去奋斗吗？因为我们所奋斗的是自己的人生，与别人一点关系也没有。

成功者告诉我们，每个人都会有一种为自己奋斗的理由。少年们，生活在这个世界，我们始终要坚定一种信仰，那就是终身为自己的理想而奋斗。为自己而奋斗，我们才会竭尽全力地昂首向前，我们才不会有一丝的保留。

## 只要你不放弃，你就能成为最坚强的自己

没有谁的人生会是一帆风顺的，每个人在生命的历程中总会遇到各种各样的困难。不管是在生活中，还是在工作中，亦或是在学习中，人总会遇到各种阻碍，导致人生的道路无法一路高歌向前。在这种情况下，当只靠自己的力量无法对抗这些困难时，我们又该如何做才好呢？大多数人都会寻求外界的帮助，然而帮助并非是想要就能得到的。此外，人生之中总是不停地遭遇坎坷磨难，一味地求助难道真的能够帮助我们度过一生的艰难吗？显而易见，别人只能帮助我们一时，而不可能帮我们一辈子。我们要想拥有幸福、充实的人生，并不能完全依赖别人，而要依靠自己的努力。

从这个角度而言，任何时候，我们都不能放弃对生命的执着付出，哪怕处境艰难，我们也不能被动地等待他人来拯救自己。就像很多人都喜欢看的美国好莱坞大片，影片中的主人公哪怕处于艰难坎坷的处境中，也从来不会轻易地放弃自己。最终，他们正是凭着坚韧不拔的精神和勇敢不屈的毅力，才能够

战胜邪恶的力量获得成功。尽管人生之中并没有这样绝对的对抗，但是在面对人生逆境的时候，我们也必须学会拯救自己。

从本质上而言，人其实是很坚强的。大多数人往往把自己想得太过脆弱，实际上只要有个人愿意，他完全可以比自己想象中更加坚强和强大。所以当面对人生的各种坎坷和逆境时，我们最先做的不应该是求助，而是反思自己，也激励自己勇敢地站起来，超越逆境。唯有如此，我们才能真正战胜人生的困境，也才能在未来的日子里一次又一次地拯救自己。

很久以前，有个年轻人在生活中遇到了沉重的打击，在工作中也接连遭受挫折。他心灰意冷，想去深山老林里出家，再也不想面对这个恼人的世界。到了深山老林，他找到高僧诉说自己的心愿，高僧对他说："你并没有完全失去希望，还有出路。这个世界上，唯独有一个人可以帮助你。不过，你必须自己亲自去山中找他。那座山就在东南方位，你要连续走一个月才能抵达。等你在山里找到他之后，你就会知道该怎么办。"年轻人虽然感到很纳闷儿，因为他从来没有听说过东南方位的山里有什么高人，但是既然他在这个世界上还有一丝丝希望，而且他还是眷恋红尘，因而当机立断出发去寻找高人。

年轻人背起行李走了整整一个月，他在这一个月里风餐露宿，为了节省时间，除了睡觉的时候，几乎都在赶路。到达大山的时候，年轻人胡子拉碴，头发也变得长长的，遮盖住了眼睛。但是他心中始终坚信：只要自己找到那位高人，我就能得救！为此，他并不觉得苦累，而是继续坚持。到了深山老林之中，年轻人足足走了三天三夜，却没有看到任何人影。他很困惑，以为高僧是在欺骗自己。直到有一天，他绝望至极，因而对着悬崖大声喊道：为什么？突然，悬崖那边传来回音，也在喊：为什么？年轻人又喊：我不放弃！回音也马上喊道：我不放弃。年轻人恍然大悟，原来高人所说的拯救者就是他自己。

他暗暗下定决心，再也不会轻易放弃，而是努力生活和工作。几年之后，他事业有成，也组建了自己的家庭，不由得再次想起高僧的话，心中感慨万千。他告诉所有的朋友：任何时候都不要放弃自己，因为能拯救你的，只有你自己。

在这个事例中，高僧给了年轻人最深刻的点拨。的确，对于每个人而言，生活从来都不是一帆风顺的，那么在面对生活的艰难坎坷时，如果一味地抱怨，只会让我们的处境更加举步维艰。相反，如果我们能够勇敢地面对生活，能够鼓起所有的力量和勇气战胜生命中的困难，那么我们最终一定能够超越坎坷，取得收获。

少年们请记住，任何时候，只要你不放弃，你就能成为最坚强的自己。只要你不放弃，你就能够成为自己的救世主，拯救自己。从根本上而言，这一切都取决于你的内心，当你的内心足够坚强时，你也就能够战胜整个世界。

# 第十章

# 有梦想，也要建立在脚踏实地去实现的基础上

## 梦想不是幻想，需要付诸行动

曾经有这样一个故事：

许多年前，一位劳苦的牧羊人领着两个年幼的儿子以替别人放羊来维持生计。一天，他们赶着羊来到一个山坡上，这时，一群大雁叫着从他们的头顶上飞过，并很快消失在远处。牧羊人的小儿子问他的父亲："大雁要往哪里飞？""它们要去一个温暖的地方，在那里安家，度过寒冷的冬天。"牧羊人说。他的大儿子眨着眼睛羡慕地说："要是我们也能像大雁一样飞起来就好了，那我就要飞得比大雁还要高，去天堂，看妈妈是不是在那里。"小儿子也对父亲说："做个会飞的大雁多好啊！那样就不用放羊了，可以飞到自己想去的地方。"

牧羊人沉默了一下，然后对两个儿子说："只要你们想，你们也能飞起来。"两个儿子试了试，并没有飞起来。他们用怀疑的眼神看着父亲。

牧羊人说，让我飞给你们看，于是他挥动了两下胳膊，也没飞起来。牧羊人肯定地说，我是因为年纪大了才飞不起来，你们还小，只要不断努力，就一定能飞起来，去想去的地方。

儿子们牢牢记住了父亲的话，并一直不断地努力。长大以后他们果然飞起来了，他们发明了飞机。他们就是美国的莱特兄弟。

哲人说过，“梦想指引我们飞升”。莱特兄弟的成功靠的并不只是一个梦想，而是在拥有梦想之后为之坚持不懈地努力。他们几十年如一日，调动自己最大的激情和潜能，从自行车修理专卖店开始，一步步积累资金，并学习和研究前沿的机械制造技术，在一次又一次的试飞后，才实现了他们飞翔的梦想。

大多数人都知道梦想里隐藏着无限的积极力量，但对于如何把梦想变为现实，他们常有种抓不到重点的感觉。

要知道，梦想不同于妄想和幻想。目标要切实可行，行动要脚踏实地，这样，你离你的梦想才会越来越近。

美国汽车工业巨头福特曾经特别欣赏一位年轻人的才能，他想帮助这个年轻人实现自己的梦想。可这位年轻人的梦想却把福特吓了一跳：他一生最大的愿望就是赚到10000亿美元——超过福特现有财产的100倍。

福特问他：“你要那么多钱做什么？”

年轻人迟疑了一会儿：“老实讲，我也不知道，但我觉着只有那样才算是成功。”

福特说：“一个人果真拥有那么多钱，将会威胁整个世界，我看你还是先别考虑这件事吧。”

5年后的一天，年轻人告诉福特，他想创办一所大学，他已经有了10万美元，还缺少10万。福特这时开始帮助他，他们再没有提过那10000亿美元的事。经过8年的努力，年轻人成功了，他就是著名的伊利诺斯大学的创始人本·伊利诺斯。

10000亿美元是个天文数字，很显然，这个梦想是不切实际的，本·伊利诺斯当时已经到了狂想的地步。拥有如此的梦想，只能让茫然的人更加茫然。哈佛教授说，我们关于梦想的勾勒应该是这样的：我目前拥有什么，我从哪里做起才能让自己的生活发生一些正面的变化。

同时你也必须明白，梦想的实现，需要你一步一个脚印地积累。决心实现长远目标的人都知道，进步是一点一滴不断地努力得来的。例如，房屋是由一砖一瓦堆砌成的，篮球比赛的最后胜利是由一次一次的得分累积而成的，商店的繁荣也是靠着一个一个的顾客在不停地消费过程中形成的，所以每一个重大的成就都是一系列的小成就累积而成的。

有时某些人看似一夜成名，但是如果你仔细看看他们过去的历史，就知道他们的成功并不是偶然得来的，他们为了实现梦想早已投入无数心血，打好坚固的基础了。那些暴起暴落的人物，声名来得快，去得也快。他们的成功往往只是昙花一现而已，他们并没有深厚的根基与雄厚的实力。

留心观察生活，你也许会发现这样一种有趣的现象：当你一心立大志、成大事的时候，很可能穷尽一生也两手空空；当你暂时收起了雄心壮志，从身边小事开始行动时，反而会柳暗花明，出现意想不到的机遇。

因此，哈佛的教育告诫学生，不管你的梦想多么高远，先做触手可及的小事。你朝目标迈进的每一步都会增加你的快乐、热忱与自信。每天努力工作，你的心中就会逐渐激发出你相信每件事都会成功的绝对信心。每天的进步能让你祛除恐惧，践踏怀疑。你会从积极的思考进展成为积极的领悟，没有一件事情可以阻挡得了你。

少年们，梦想是一支火把，它能最大限度地燃烧一个人的潜能；但幻想是一片沼泽，它会让你在一片迷途中越陷越深。树立最适合自己的、切合实际的梦想，才能达到激发潜能，推动人生走到目的地。

## 有远见，更要有行动

“不要怕目标定得太高，你可能需要退而求其次。”这是《世界经理人》杂志曾发表的哈佛成功金句25则中的一句话。

成功从确立目标后的脚踏实地开始，一个具有崇高理想和远大志向的人，毫无疑问会比一个根本没有目标的人更有作为。有句苏格兰谚语说：“扯住金制长袍的人，或许可以得到一只金袖子。”中国古人也早就说过：“取法上者得乎中，取法中者得乎下，取法下者得乎无。”

曾听一位教授在课堂上举过这样一个例子：

从前有两个人，他们都想到远方去，一个人想到日本，一个人想到美洲。他们同时从蓬莱出海，结果两人都没有到达目的地。但想到美洲去的人到达了日本，而想到日本去的人只到了朝鲜半岛。

对于那些志存高远、行胜于言的人来说，他们所取得的成就必定会远远离开起点。即使你的目标没有完全实现，你为之付出的努力本身也会让你受益终身。

因此，把理想垫得越高，人生的成就会越大。

海拔1000多米的山在浙北已算是高山了。高山上有20多个孩子，他们在一所破旧的学校里读书，过着与世隔绝似的生活。

老师倒是山下来的，在大城市里读过书。第一次住在学校，他失眠了一晚上，山上的风太大，山上的生活太苦。这里的境况要比他以前想象的更艰苦。上第一堂课，老师看到几位浑身湿漉漉的孩子。他问："一大早是不是打水仗了？"那几个孩子低着头不敢说话。

一个扎着辫子的女孩站起来指指窗外的一片远山说："他们从深山里来，是路上杂草上的露珠打湿的。"

老师把目光投向窗外，那里是一片黑黝黝的去处，一条似隐似现的羊肠小道穿行在群山之中。

老师问："你们需要走多长时间？"一个孩子说："两个多小时。"

老师第一次知道一个孩子上一次学的代价，这个代价即便是成年人也是较难承受的。老师很感动，但也很绝望。因为孩子的见识和海拔成反比，他们对山下的那个世界几乎一无所知。

他问这二十多个孩子，最大的理想是什么？

最大的理想、也是最体面的理想是那个扎辫子的女孩说的，她说要当村里的会计。更多的孩子说他们长大了要学会在自家的毛竹上刻上父亲的名字，以防别人盗砍他们家的毛竹。

后来，老师有了一台二手的笔记本电脑，可以通过村里唯一的一条电话连接互联网，基于互联网，老师给同学们开了一次课。那次教学设在村长家里，围观的大人比学生还多。

他给孩子们讲外面的世界，讲肯德基和麦当劳，讲杭州和上海，讲通过一台电脑可以连接世界的精彩。

那个扎辫子的女孩的理想开始有了转变，她说将来要下山当会计。而一个住在深山中的孩子对他说，他想以后能当个乡长那样的官，能拿出一笔钱修一条通向山下的公路。

老师在山上待了一年便走了。他说自己只能改变孩子们这么多，他希望后来的老师不要把孩子的志向变小，希望那个女孩有一天说自己想到大公司当白领，那个深山中的孩子说想当省长。

他说这些孩子也许永远走不出大山，但是他必须垫高孩子们的理想高度。这样，他们在将来才会充分发挥自己的潜能。

思想永远走在行动的前面。一个人要有眼光才有进步，有志向才有突破。从心理学上讲，一个人如果安于现状，对现状并不觉得不满意，便不会去想如何改进现状，也就不会有前途光明的理想。

美国潜能成功学大师安东尼·罗宾说；“如果你是个业务员，赚1万美元容易，还是10万美元容易？告诉你，是10万美元！为什么呢？如果你的目标是赚1万美元，那么你的打算不过是能糊口便成了；如果这就是你的目标与你工作的原因，请问你工作时会兴奋有劲吗？你会热情洋溢吗？”

那些志向远大、敢于想象的人，所取得的成就必定是远远超出起点；一个理想高、目标大的人，即使努力后没有实现最终的理想和目标，但其实际达到的目标，都要比理想低、目标小的人最终达到的目标还要大。

德国诗人歌德曾说，“人生重要的事情就是确定一个伟大的目标，并决心实现它。”年轻的我们，正是敢想敢做的时候，如果这时候你还没有树立起远大的目标，等你的人生基本定型后再立志，碰到的压力与阻力会更大。因此，少年们，把你的志向和目标提升起来，它不应该退缩在一个不恰当的位置。接受志向的牵引吧！

总之，没有行动的远见只能是一种梦想，没有远见的行动只能是一种苦役，远见和行动才是世界的希望。

## 敢作敢为，不要畏首畏尾

在生活中，我们一贯主张“谨慎做事”，这本来是一则很重要的做事准则。但是，凡事都有两面性，优点和缺点会互相转化。做事谨慎是好事，可如果一个人做事过于谨小慎微，就会使自己的胆子越来越小，眼睁睁地看着机会从眼皮底下大摇大摆地溜走。很多时候，需要敢作敢为，换句话说，就是做事时要有一股闯劲，不能畏首畏尾，这样只会误了大事。如果做任何一件事情，你都前前后后计算好了才去做，那么，恐怕机会早就被别人抢走了。

三国时期，司马懿极具军事才能，但是，他做事太过于谨小慎微，竟中了诸葛亮的“空城计”。

街亭失掉后，魏将司马懿乘势引大军15万向诸葛亮所在的西城蜂拥而来。但是，诸葛亮身边没有大将，只有一班文官，所带领的5000军队，也有一半人去运粮草了，只剩下2500名士兵在城里。众军听到司马懿带兵前来的消息都大惊失色。诸葛亮登城楼观望后，对众军说：“大家不要惊慌，我略用计策，便可教司马懿退兵。”

于是，诸葛亮传令，将所有的旌旗都藏起来，士兵原地不动，如果有私自外出以及大声喧哗者，立即斩首。同时，把4个城门打开，每个城门之上派20名士兵扮成百姓模样，洒水扫街。而诸葛亮本人则披上鹤氅，戴上高高的纶巾，在望敌楼前凭栏坐下，慢慢弹起琴来。

司马懿的先头部队来到城下，见到这种气势，不敢轻易入城，便急忙返回报告了司马懿。司马懿听了，哈哈大笑：“这怎么可能？”于是，他亲自飞马观看，看到此般情景，疑惑不已。做事一向谨小慎微的他不敢贸然闯入，只好下令军队撤退。

后来，司马昭说：“莫非是诸葛亮家中无兵，所以故意弄出这个样子来？父亲您为什么要退兵呢？”司马懿说：“诸葛亮一生谨慎，不曾冒险，现在城门大开，里面必有埋伏，我军如果进去，正好中了他们的计，还是快快撤退吧！”

等到各路军马都撤退以后，诸葛亮的士兵问道：“司马懿乃魏之名将，今统15万精兵到此，见了丞相，便速退去，何也？”诸葛亮说：“兵法云，知己知彼，百战不殆。如果是司马昭和曹操的话，我是绝对不敢实施此计的。”

诸葛亮的话其实意指司马懿本身是一个做事谨小慎微的人，他从来不打无把握的仗。一旦他觉得前面有埋伏，就会选择撤退，而诸葛亮恰恰算准了他这样的心理。虽然，谨小慎微让司马懿做成了不少成功的事情，但在“空城计”里，他却恰恰因过分谨慎而中计了。

当我们观察那些所谓的成功人士的时候，你会发现他们身上有一个共同点——敢想敢做。当我们有一个好的想法，或当我们面临一项艰巨的任务时，不要畏惧，而是要迅速行动起来。瞻前顾后，谨小慎微，只会让你犹疑不前，而只有行动起来，并不断对努力的方法和方向进行调整，才能最终成就大事。

## 马上行动，不可让拖延症拖垮自己

有了目标后，最重要的就是放弃任何借口，立刻将它付诸实施，并且坚持到底。

有人说自己是一座藏在地底的宝藏，挖掘得越深，获得的越多。也有人说，自己是一匹奔腾的野马，重要的不是学会怎样提速，而是控制自己。

人有各种各样的优缺点，也有一种惰性，这种惰性经常导致计划落空。人在计划落空时又很容易形成新的计划，新计划其实是旧计划的翻版。结果就是，一项计划翻来覆去总没有结果。这是十分悲哀的事情。成就一番事业必须雷厉风行，要有一种魄力，说干就干，一点也不拖延。这是成就事业的一种品格。

拖延是一种坏习惯，它会让人在不知不觉中丧失进取心，阻碍计划的实施。一个人如果进入拖延状态，就会像一台受到病毒攻击的计算机，效率极低。拖延最常见的表现就是寻找借口。虽然目标已经确立了，却磨磨蹭蹭，像个生病的羔羊，没有精神。不论什么时候，他总能找到拖延的理由，计划当然就会一拖再拖，成功遥遥无期。

你是否有这样的表现呢？今天的事拖到明天做，6点钟起床拖到7点再起，上午该打的电话等到下午再打，每天要写的文章攒到最后时刻写，今天要洗的衣服拖到明天再洗，这个月该拜访的朋友拖到下个月。

对于一个公司来说，很有可能会因为拖延而损失惨重。

1989年3月24日，埃克森公司的一艘巨型油轮触礁，大量原油泄漏，给生态环境造成了巨大破坏。

但埃克森公司却迟迟没有做出外界期待的反应，以致引发了一场“反埃克森运动”，甚至惊动了当时的布什总统。最后，埃克森公司总损失达几亿美元，形象严重受损。

对一个渴望成功的人来说，拖延将成为制约他取得成功的桎梏。在公司没有一个老板喜欢有拖延习惯的员工，在家里没有一个妻子喜欢有拖延习惯的丈夫。

社会学家卢因曾经提出一个概念，叫“力量分析”。他描述了两种力量：阻力和动力。他说，有些人一生都踩着刹车前进，如被拖延、害怕和消极的想法捆住手脚；有的人则是一直踩着油门呼啸前进，如始终保持积极、合理和自信的心态。

人生不应该停留在等和靠上，成功不会像买彩票那样充满侥幸，唯一需要的应该是制订计划并立即执行。不等不靠，现在就去做，表现出来的是一个成功人士应有的精神风貌。如果你是因为没有信心才迟迟不敢行动的话，那么最好的消除障碍的办法就是立刻去做，用行动来证明你的能力，增强你的自信。

李大钊曾经说过：“凡事都要脚踏实地地去做，不驰于空想，不骛于虚声，而唯以求真的态度做踏实的功夫。以此态度求学，则真理可明。以此态度做事，则功业可就。”小说《根》的作者哈里说：“取得成功的唯一途径就是‘立刻行动’，努力工作，并且对自己的目标深信不疑。世上并没有什么神奇的魔法可以将你一举推上成功之巅，你必须有理想和信心，遇到艰难险阻必须设法克服它。”

哈里起初只是美国海岸警卫队的一名厨师。他从代同事写情书开始，爱上了写作。于是他给自己制订了用两三年的时间写一本长篇小说的目标。他立刻行动起来，每天不停地写作，从不停息。8年以后，他终于在杂志上发表了自己的第一篇作品，字数仅有600字。他没有灰心，退休后，他仍然不停地写，稿费没有多少，欠款却越来越多。尽管如此，他仍然锲而不舍地写着。朋友们帮他介绍了一份工作，可他说："我要做一个作家，我必须不停地写作。"又过了4年，小说《根》终于面世了，引起了巨大轰动，仅在美国就发行了530万册。小说还被改编成电视剧，观众超过13000万人。他因此获得了普利策奖，收入超过500万美元。

所以，有了目标后，最重要的就是放弃任何借口，立刻将它付诸实施，并且坚持到底。我们常说，千里之行始于足下，就是要求我们行动起来，把心中的梦想通过立刻行动变成美好的现实。

少年们，如果只是因为自己有一个美好的梦想就沾沾自喜，而忘记了行动的力量，那么无论天上的星星多么漂亮，你也不能够把它捧在手中；无论对岸的风景有多么诱人，你也不能够目睹；无论海中的贝壳有多么美丽，你也不能够把它挂在你的胸前。

# 第十一章 自我提升，青少年要在不断挑战中提升自己的价值

## 找到自己的长处，并将其经营成自己的优势

在成功心理学看来，判断一个人是不是成功，最主要的是看他是否最大限度地发挥了自己的优势。

扬长避短的做法不管在哪一个领域都有着非常现实的意义，每个人都有自己的闪光点，这也就是我们所谓的长处，是自己的优势所在，如果我们将它进行深度挖掘，你会惊喜地发现，你的行动往往会取得事半功倍的效果。美国微软公司总裁比尔·盖茨有一句口头禅："做自己最擅长的事。"这句话被众多的企业家所认同。如果你留心那些成功人士，就会发现他们的一个共同特征：不论智商高低，也不论他们从事哪一种行业、担任何种职务，他们都在做自己最擅长的事。

在美国，一个关于成功的寓言故事至今广泛流传。看完这则寓言，或许你就会对"善用其长，不显其短"有更深的体会。为了给自己"充电"，森林里的动物们开办了一所学校，开学典礼的那天，来了许多动物，有小鸡、小鸭、小鸟，还有小兔、小山羊、小松鼠。学校为它们开设了5门课程，分别是唱歌、跳舞、跑步、爬山和游泳。第一天，老师决定上跑步课，小兔子兴奋地在体育场跑满了一个来回，自豪地说，我能做好自己天生就喜欢做的事！可其他小动物，却有的撇着嘴，有的

耷拉着脑袋。小兔回到家里对妈妈说，这所学校太好了，我实在太喜欢了。第二天一大早，小兔子蹦蹦跳跳地来到学校。老师宣布今天上游泳课，这时小鸭子兴奋得一下跳进了水里。天生恐水的小兔子傻眼了，其他小动物也只能“望洋兴叹”。接下来，第三天是唱歌课，第四天是爬山课……学校里每一天的课程，小动物们总是有擅长的与不擅长的。

这则寓言看似很普通、简单，但却蕴含了一个深刻的哲理：要成功，小兔子就应跑步，小鸭子就该游泳，小松鼠就得爬树。它的潜在寓意就是说，做自己最擅长的事情，最容易有所发展。

少年们，在竞争的路上，那些具有灵性、聪明的人都知道寻找最合适的方法。做擅长的事，走熟悉的道路，这就是通向成功的捷径。走捷径会使你摆脱很多不必要的干扰，走捷径会使你觉得成功近在咫尺。

盖洛普名誉董事长唐纳德·克利夫顿曾说过：“在成功心理学看来，判断一个人是不是成功，最主要的是看他是否最大限度地发挥了自己的优势。”可往往有些人不在意这些事，觉得天底下没有自己干不了的事，没有自己做不成的行业，盲目地“挑战极限”，结果自然不用多说。无论一个人具备多么好的天赋、多么高的智商，他也不会将所有能力收于囊中，难免存在优势与劣势。就才能而言，有人敏于感知，有人善于记忆，有人强于创造，有人思维活跃，有人逻辑缜密，有人判断客观，有人处事巧妙……既然人各有所长，也各有所短，那就应该处理好“长与短”的关系。大凡聪明的人，都会懂得“善用其长，不显其短”的道理。一般说，善取长弃短者，都能将自己的优势发挥到最大化，反之“舍长就短者”，便难以称为智者。

少年们，每个人的优势不同，善于发掘自己的长处，做自己擅长的事，其实这就是属于你自己的一笔宝贵的财富，将优势发挥到最大化，不断给予优势一定的营养，你会发现你正在将自己的财富升值。

## 孕育一颗成功的种子，等其长成参天大树

年轻人总喜欢说“是金子在哪里都会发光”，可是也要承认，大多数的年轻人都不是自以为是的“金子”，金子生来就具有某种天赋，它难以切割，数量稀少，所以成为价值的代替品。大多数的年轻人并不是生下来就具有某种天赋，不过大多数人通过自己的勤奋，都可以发挥出最大的能量。这点倒像一些种子，只要有合适的土壤，他们就能够生根发芽，成长为有自己价值的东西。

一个人如果总抱着“是金子在哪里都会发光”的心态，就难免会骄傲自大，不屑于做那些平凡的工作，抱怨没有伯乐来赏识自己这匹“千里马”，觉得自己怀才不遇、有志难伸，渐渐地就会变得消沉，这时候就算你真的是一块金子，也会蒙

尘，逐渐被埋没。现在一部分年轻人往往心高气傲，总有一种优越感，而且越是学历高，学习成绩好的那部分年轻人往往越是骄傲。其实，在目前，不用说受过高等教育的人越来越多，就算是海归也随便就能碰到，过去所受到的教育已经不能代表什么。

就业就像把一盘原本下到输赢已定的棋局一把搅散，重新开局，这个时候，决定胜负的并不是你原来取得的成绩，而是你以后需要做的努力。

你的家庭的社会地位，你的原本成绩可能在就业的路上起到一定的作用，但它们的作用都是有限的，最终如何还是取决于你自己的努力。把自己当成一块等待发现的金子，等于把自己的命运交到了别人的手里，把自己的前途寄托于一双能够发现你的眼睛，这样的心态，你觉得前途可靠吗？

我倒希望年轻人能够安下心来，把自己当成一粒未发芽的种子，无论是饱满还是干瘪，只要有适合自己的土壤就能够长得枝繁叶茂。著名的“杂交水稻之父”袁隆平有一句名言：“人就像一粒种子，健康的种子，身体、精神、情感都要健康。我愿做一粒健康的种子！”金子有再多的光芒，价值终究有限，而健康的种子则代表了无限发展的可能。这个世界上不可能到处是金子，然而每个人都能通过自身的努力当好一颗能够生根发芽、能够为这个世界增添价值的种子。

金子的高明在于它的天赋，种子的高明在于它的潜力。金子之所以有价值，之所以昂贵，完全是由它的自身条件所决定的，它承担的是交换价值的角色，而本身没有任何价值，因为它储量少，体积小，密度高，难分割，才能够担当交换价值这一角色。这就像某些天才，因为天生拥有异于常人的禀赋，如对数字或者语言，或者其他方面有非常高的敏感度，最终成为天才。可是这个世界上天才毕竟是少数，即使天才也需要勤奋努力，才能取得成就。

我记得微软公司曾有一个非常有名的应聘故事，说一个人学历并不高，心血来潮之下去微软应聘，人事部主任问了他几个有关软件方面的问题，这个应聘者对此一无所知，人事部主任摇了摇头。第二天，他又去应聘，回答了昨天的几个问题，这次，人事部主任同样又问了几个更深层级的问题，他又无法回答，不过第三天他又来了，回答了这几个问题。如此反复几次，招聘人员觉得非常奇怪，问他为什么不现场回答问题呢，他说自己对这些并不熟悉，都是临时学习的。微软公司最后通过会议，决定录取这个应聘者，理由是“IT业是一个变化非常迅速的行业，需要非常高的学习力，而这个人的学习能力证明，他的潜力是无限的”。

年轻人谁都无法确定自己是一个天才，可是只要足够用心，你会发现自己的潜力是无限的。

种子心态比金子心态更重要。通用汽车公司的一位人力资源负责人曾经这样说：“我们在分析应征者能不能适合某项工作时，经常要关注他对目前工作的态度。如果他认为自己的工作很重要，对工作很认真负责，就会给我们留下很深的印象。

即使他对目前的工作不满意也没有关系。为什么呢？因为如果他认为目前的工作很重要，那他对下一份工作也会抱着认真负责的态度。我们发现，一个人的工作态度跟他的工作效率有很密切的关系。”

如果一个年轻人，对环境薪金不满意的工作，都十分地负责，丝毫不会马虎，那么对于各方面都满意的工作，他就会更加用心。这就是种子心态，“无论环境好不好，土壤是否适宜，我都要发芽，都要更茁壮地成长，这就是我的价值所在”。如果年轻人都抱着这种态度做事的话，那么我相信很快你就能被生命中的伯乐所发现，实现你的价值。

## 不断成长和充实自己，成就自我

人没有生来就成功的，再聪明的人也需要学习别人的长处，以弥补自己的不足。

人生道路上从头到尾都充满着竞争，善待自己的人绝不会甘心落于人后。他们懂得人与人之间层次的不同，多来源于知识储备的差异。在现实生活中，这一点明显地体现在学历上。在同一个单位里，高学历的人，多数拿着高薪，他们从事的工作，你一定不能干吗？答案并非是肯定的，但就是这一点点的差距，决定的不仅仅是你的金钱、地位，也许还会影响你的一生。

在竞争的每一个领域，把赢家和入围者区别开来的就是一些很小的差距，想一想那些二流人物的所得所失吧！他们只比一流人物差一点点，可是在享有的声誉和利益方面却相距甚远。差距是不可避免的，但缩小差距，是有可能的。善待自己，弥补不足，这是在竞争中取得胜利的最简单的方法。

理查德·比尔是法国巴黎的一个铁匠，他和法国的其他铁匠一起凭借传统工艺的优势在铁器工艺品制造业中长期处于霸主地位。但是，英国的铁匠发明了一种“分裂法”新工艺，利用这种工艺制造出来的铁器工艺品更加美观，既具有现代工艺品的美感，又有传统工艺品的质感，成本也大大降低。这种铁器工艺技术一经出现，就动摇了比尔及其同行的霸主地位。一些法国传统铁器经营商不得不放弃而改行经营其他产品，把自己的市场让给了英国人。但不服输的比尔决心掌握这种新工艺，与英国人比比高低。

比尔曾经带着手风琴走街串巷卖过艺。他又利用这一条件和经验假扮成流浪艺人巡游在欧洲大陆。德国、意大利、比利时、西班牙等各大城市都留下了他的足迹。所到之处，他虚心请教各地铁器行家们的工艺技术。比尔到了英国后，化装成铁器工匠，到处打工，没用多久就掌握了“分裂法”工艺。

之后，比尔回到法国，和朋友们一起经过多次试验，终于研制出了制作铁器工艺品的“分裂机”。这种“分裂机”制作的工艺品比手工制作的工艺品更加精密，也更加光洁、美观、耐用。比尔和他的同伴们终于又夺回了失去的市场，恢复了昔日的霸主地位。

在竞争中，失败者永远是那些不知道充实自己、不懂得不断成长的人。人没有生来就成功的，再聪明的人也需要学习别人的长处以弥补自己的不足。由于人的生活环境不一样，每个人的成长经历、思维习惯、看问题的角度各不相同，生活中处处有能人，处处都有学问。同一个工艺品，能人制作起来，往往比一般人更快、更好。这是因为能人更善于发现别人的长处，吸收别人的经验，让自己的技艺更加精湛。

吉米总是认为自己是个很聪明的人，可惜的是他一生都很平庸，最后也没能成就任何一件大事。而老觉得自己很笨的杰克却能认识到自己的缺陷，努力弥补自己的不足，发扬自己的特长，从各个方面不断地充实着自己，一点点地超越着自我，最终成就了非凡的业绩。

吉米为此心里很不平衡，以致郁郁而终。他的灵魂飞到了天堂后，质问上帝："我的聪明才智远远超过杰克，我应该比他更有成就，应该是我成为人间的卓越者啊，可是为什么是他呢？"上帝笑了笑说："可怜的吉米啊，难道你现在还不明白吗？我把每个人送到尘世间，每个人都背着一个竹篓，竹篓里都放了同样的东西，包括聪明，只不过我把你的竹篓放在了胸前，你因为既能看到又能触摸到自己的聪明而沾沾自喜，不知道虚心向他人学习，不断充实自己，结果你的竹篓里面的东西只出不进，你也只能停留在那个人生高度，这是你自己造成的啊！而杰克的竹篓是背在背上的，他看不到自己的聪明，不把聪明当作资本，他总是在仰头看着前方，虚心地求教于每一个能够成为他老师的人，在取长补短、不断充实自己的过程中，他一生都在不自觉地迈步向前，不断地超越自我！”

取长补短是一种智慧，是从自己的不足出发，想方设法去赶上别人，甚至要超过别人，这种虚心的态度、进取的精神无疑是宝贵的。

人的成长，是一个不断发展自我、充实自我，使之成熟的过程。人生是一条奔腾不息的河流，不会永远停留在一个地方，也不会停留在某一阶段，它需要不断地超越，需要每一个人取长补短地充实自己，获得更多的知识、能力和资本，这才是善待自己的竞争法则。1分钱和20元钱如果同时被扔进大海中，它们的价值就毫无区别。只有当你将它们捞起来，并按照正确的方式使用时，它们才会各自显现价值。曾经听过这样一个小笑话：据说在很久以前，一个老汉在自己家的农田里挖掘出大量的石油，在一夕之间成了百万富翁，穷苦了大半辈子的他，发财后马上买了一辆奔驰高级轿车。这辆车堪称当时款式最新、马力最强的车型，但老人没有驾驶过它，因为在这辆气派非凡的汽车前，老人安排了两匹马儿负责拉车，即使机械师再三保证汽车本身的引擎完全正常，但是老人却从没想过要用钥匙激活引擎！

老人的愚笨看似可笑，其实就是现实生活中某些人处事的缩影。生活中，许多人都犯过相同的错误，他们总是看着别人的成绩而自叹不如，同时又怨声载道地抱怨别人靠的是家庭背景才迅速成功的。他们就像老汉一样，只知道车外那两匹马的力量，却不知道车内的引擎足足有100匹马力之强。如果你不能发现自己的优势和价值，而总是看到自己的短处和不足，那么即使你像老汉那样拥有了一辆马力强劲的汽车，你也不懂得怎样用钥匙发动它。

《圣经》中有个关于才能的故事，大意是说上帝曾经分别给了三个人几种才能，不过第一个人只有1种才能，第二个人有3种，第三个人有5种。一段时间之后，上帝突然问起他们在此期间都做了些什么事情。第三个人回答说“：我利用5种才能努力工作，结果却因此具备了10种才能。”上帝听完之后，很高兴地夸奖他：“你做得很好！由于你善于利用才能，因此我将赋予你更多的才能。”

第二个人也同样地增加了自己的才能，但是第一个人却抱怨说：“主啊！你给了别人很多才能，却只给我一种，真是不公平啊！我知道你是既严厉又残忍的主，所以我把你给我的才能给埋葬了。”上帝闻言后，很生气地说：“你真是又懒又坏！”随后便取走了他的才能，转而恩赐给其他两个人。

每个人生来都不是完美的，都会有不足之处，同时，每个人又都是一座宝藏，所不同的是，有些人在年轻力壮时就开始挖掘自己，以至于让自己快速地蜕变，显现出耀眼的光芒。而有些人从一开始就浑浑噩噩地过日子，他们虽然也有着自己的梦想，但他们的脚步从来都没有离开过温暖的床榻。待到年老时，看到那些出外闯荡的人都衣锦还乡，再想挖掘自己、闯荡世界，已经有心而无力了。

其实，每个人身上都存在未被开发过的领域，若你消极地认为“天生就是如此”，那说明你对自己缺乏正确的认识，就像小河觉得自己只是流动的液体，却没发现自己也可以是飘浮在空中的水汽。挖掘自己的潜力，你就能够有所突破，而这种改变的勇气，也是成功者必须具备的特质之一。

从前，美国有个相貌极丑的人，走在街上行人都要对他多看一眼。他从不修饰，到死都不在乎衣着，甚至已经担任高职，举止仍是田间农夫的样子，仍然不穿外衣就去开门，不戴手套就去歌剧院，讲不得体的笑话，往往在公众场合会忽然忧郁起来，不言不语。无论在什么地方——法院、讲坛、国会、农庄，甚至他自己家里，他处处都显得难以相容。他不但出身贫贱，而且身世蒙羞，是个私生子，他一生都对这个缺点非常敏感。没人出身比他更低，但却没人比他成就更高。他就是后来的美国大总统——林肯。

一个人有这么多的弱点而不去弥补，他怎么取得非凡的成就呢？对于林肯来说，他并不是用每一个长处抵每一个短处来求补偿，而是凭借伟大的睿智与情操，使自己凌驾于一切短处之上，置身于更高的境界。他只在一个方面，就是教育方面，直接弥补了自己的不足。他拼命自修来克服早期的障碍。他在烛光、灯光和火光前读书，读得眼球在眼眶里越陷越深。他填写国会议员履历表，在“教育”这个项目下填的是“有缺点”。

少年们，发现自己，从自身的某一点进行突破，命运的闸门才会最终被你打开，生命之水才能在梦想的河渠里尽情流淌。毕淑敏说："如果把人间比作原野，每个人都是这片原野上生长着的茂盛植物，这种植物会开出美丽的三色花：一瓣是黄色的，代表我们的身体；一瓣是红色的，代表我们的心理；还有一瓣是蓝色的，代表我们的社会功能。"如果想让这朵三色花开得更为艳丽，常开不谢，你就需要不断地给自己浇水、施肥，发觉自身的生长特点和最适宜生存的环境。人生的灿烂不仅仅需要外界的阳光，更需要的是你发现自己的美。

## 发现自身的能力，实现自己的价值

也许你身上也存在某些缺点和不足，你是怎样看待它的呢？假使我们自比泥土，那我们就将真的成为被人践踏的泥土了。

每个人都有存在于社会上的价值，只是有些人认识到了这点，他们极力发现自己的能力，挖掘自身的潜力，以致走在了普通人的前面，成了众人关注的卓越者。

发现自身的能力，实现自己的价值，往往从接受自己、瞧得起自己开始。认同自己的能力，并在行为上表现出一种与环境和他人积极互动的心理定式，你的发展空间就会越来越大。认识自己，发现自身的价值，你就能够愉悦地接纳自己，包括自己的某些缺陷，并能不断地进行自我激励，使自己的人生过得充实而有意义。

一位挑水的农夫，他有两个用了很久的水桶，分别吊在扁担的两头，其中一个桶子有裂缝，另一个则完好无缺。在每趟长途挑运之后，完好无缺的桶子总是能将满满一桶水从溪边送到主人家中，但是有裂缝的桶子到达主人家时却只剩下半桶水。

两年来，挑水的农夫就这样每天挑一桶半的水到主人家。当然，好桶子对自己能够送满整桶水感到很自豪。破桶子呢？对于自己的缺陷则非常羞愧，它为只能负起一半责任，感到非常难过。

饱尝了两年失败的苦楚，破桶子终于忍不住，在小溪旁对挑水的农夫说："我很惭愧，必须向你道歉。""为什么呢？"挑水的农夫问道，"你为什么觉得惭愧？""过去两年，因为水从我这边一路漏，我只能送半桶水到你主人家，我的缺陷，使你做了全部的工作，却只收到一半的成果。"破桶子说。挑水的农夫替破桶子感到难过，他说："我们回主人家的路上，我要你留意路旁盛开的花朵。"

果真，他们走在山坡上，破桶子眼前一亮，看到缤纷的花朵，开满路的一旁，沐浴在温暖的阳光之下，这景象使它开心了很多！但是，走到小路的尽头，它又难受了，因为一半的水又在路上漏掉了！破桶子再次向挑水的农夫道歉。挑水的农夫温和地说："你有没有注意到小路两旁，只有你的那一边有花，好桶子的那一边却没有开花呢？我明白你有缺陷，因此我善加利用，在你那边的路旁撒了花种，每次我从溪边回来，你就替我一路浇了花！两年来，这些美丽的花朵装饰了主人的餐桌。如果你不是这个样子，主人的桌上也就没有这么好看的花朵了！”

少年们，也许你身上也存在某些缺点和不足，你是怎样看待它的呢？在生活中，有许多人，特别是刚刚步入社会的青年，他们可能会由于自己在某方面不如别人，而轻易轻视自己，从而变得自卑和逃避竞争。真的是你不如别人吗？或许是你高看了别人，或者只能说你在某方面处于劣势地位罢了。

一叶障目，不见泰山，这从来就是愚蠢的思维方式。就如田忌赛马一样，拿你的劣势和别人的优势比，你永远是失败者，而用你的强项与别人的弱项相比，你就会处于获胜者的位置，并取得成功的喜悦。被自己的劣势蒙住双眼，自己瞧不起自己，是个人对自己的不恰当的认识，是一种自卑的消极心理。一个自卑的人很难有自信，如同一个没有脊椎的动物，永远都不会站立起来。他们不会相信自己的判断，没有主见，对成功也没有期盼，因此做任何事情都不会付出自己的全部精力，没有排除艰难险阻的决心和毅力。那么，怎样才能从自卑的束缚下解脱出来呢？

常言道：“人贵有自知之明。”也就是说，对待自我要有一个全面的、正确的认识。笼统地说，就是分析自己的优点和缺点，以便在待人处世时能扬长避短，使自我的优势得到更好的发挥。这样慢慢就会形成一个良好的心态，继而充满自信，超越自卑。

发展自己的能力，把眼光从修补劣势转移到发展优势上来，一个人才容易看到自身存在的价值和巨大的潜力。

美国农业部的一位秘书威尔逊了解到副总统曾是一个小布匹商人。从一个小布匹商到副总统，为什么身份转变如此之大？他带着这个问题拜访了莫尔。

莫尔说："我做布匹生意真的很成功。可有一天，我读了一本文学家爱默尔的书，书中的一段话打动了我。书中是这样写的：'一个人如果拥有一种人家需要的才能和特长，不管他处在什么环境，有一天终会被人发现。'这段话让我怦然心动，冥冥中我觉得自己应该向更大的空间发展。这使我想到了当时最重要的金融业。于是，我不顾别人反对，放弃布匹生意，改营银行，最终成为金融巨头。"

能够正视自己，看到自己价值的人，他们成长、成熟的脚步总是比别人迈得要大，就像莫尔一样，在年轻时锻炼了自己的能力，有了自身的优势，往前勇敢地跨出一步，就跨越了小商人和大总统之间的距离。莎士比亚曾经说过："假使我们自比泥土，那我们就将真的成为被人践踏的泥土了。""没有自尊心的人，即等于自卑。"人活着都想追求幸福，所以你要相信，你生来就与众不同，身上所存有的每一个缺陷都是另外一种美丽，既然无法改变它，那么就勇敢地接受它，同时把眼光放在发掘自己的潜力上，每一个人都可以做更好的自己。

## 不断挑战自己，人生最精彩的部分永远是在未来

对于那些永不满足，希望人生能不断实现突破的人来说，人生最精彩的部分永远是在下一次，在未来。

在这个世界上，有两种人很可能一生一事无成：一种是自甘堕落、无所追求的人；一种是那些轻易就满足，从此不思进取的人。对于大多数受过高等教育的年轻人而言，理想在他们心底早已根深蒂固，教育专家所担心的不再是个人的盲目、无知，而是要考虑怎么帮助他们树立可行的、实际的目标和理想。

因此，我们说，这一代的年轻人，如果了此一生时仍无所作为，那他多半属于容易满足的人。

古人云：路漫漫其修远兮，吾将上下而求索。这是对知识、对自我的一种永不满足，也只有这样的人，才能最终成就伟大的事业。

世界顶尖潜能成功学大师安东尼·罗宾在心灵革命的课程中，为了证明人类的巨大潜能曾做过下面的实验：那是一种赤足从火上走过的课程，在整堂课里，所有的学员都必须面对火红炽热的木炭所铺成的“火路”，然后大胆地赤足走过。对于那些没有这种经验的人来说，那是极为骇人的场面，有的人哭叫，有的人腿软了，更有的人浑身发抖，甚至有人苦苦哀求免去这种“考验”，不过最终所有的学员还是得走过这条路，因为没有经历过这场考验的人，就无法在随后的课程中取得最大

的效果。

对此，安东尼·罗宾说：“我们当中很少有人有过这样的经验，但是有不少人看见过他人赤足走过火路的场面，特别是在寺庙的拜火祭奠中。当我们看见别人平安走过火堆之后，总以为是神明在庇护那些人，或是有人预先在火堆中做了手脚，殊不知只要在妥善安排的情况下，人人都能平安走过。”

根据美国一些科学家的观察与测试，发现不需要跑，只要步行的速度足够快，便不容易灼伤脚底。因为每当脚掌在接触火炭的瞬间，便会立即释放出汗水，在那层汗膜尚未蒸发前提起脚掌，汗水便吸收先前的热量而化为蒸汽消逝，因而脚掌丝毫不会受到损伤。由于大多数人不了解人体的神奇机能，以无知来接触那些自己视为可怕的遭遇，便容易陷入畏缩不前的状态中。当那些研讨会的学员在咬紧牙关平安走过火堆后，他们的观念会有很大的改变，因为原先认为做不到的事情，竟然轻易可以实现，而且毫发无损。原来，“任何限制都是从自己的内心开始的”。

被无知蒙蔽双眼、绊倒自己，其中的可悲与悔恨想必每个人都曾有过。并不是我们天生愚昧，而是认识自己、认识事物时，你在做途中跑，而没有尽快跑到终点。

认识自己、把握自己，从而不断地“修筑”自己，你的事业才能尽快扬帆启航。在远行的途中，任何光彩夺目的成就只是迈向事业成功的一小步。只有不满足于现在的成就，才能认识到自己在成功的道路上只走了一小步；只有不满足，才会懂得不断地提高和完善自己；只有不满足，才会渴求下一次更大的成功。

在艺术界，毕加索的大名无人不知。这位西班牙著名的画家，活了91岁。而在90岁高龄时，当他拿起画笔开始创作一幅新画的时候，对眼前的事物仍然好像是第一次看到的一样。年轻人总喜欢探索新鲜事物，探索解决新问题的方法，他们朝气蓬勃，热衷于试验，从不安于现状；老年人总是怕变化，他们知道自己什么最拿手，宁愿把过去的成功之道如法炮制，也不愿冒失败的风险。可毕加索不是普通人，当他90岁时，仍然像年轻人一样生活着，不安于现状，寻求新思路和新的表现手法，所以他成了20世纪享有盛名的画家之一。

毕加索生前体验了从穷困潦倒到荣华富贵的转变，其艺术作品也经历了从无人问津到被人高度赞赏。这正是他永远把现在的成就看作成功的一小步，满怀希望地憧憬着下一次的成功，永不满足、不懈追求的结果。

“球王”贝利在足坛上初露锋芒时，有个记者曾问他：“你觉得，自己哪个球踢得最好？”他回答说：“下一个！”当贝利在世界足坛上大红大紫、踢进1000个球之后，记者又问他同样的问题，而他仍然回答：“下一个！”在事业上有所建树的人都同贝利一样，有着永不满足、不断进取的精神。

对于那些永不满足，希望人生能不断实现突破的人来说，人生最精彩的部分永远是在下一次，在未来。永远对未来充满憧憬，才能以更好的心态去面对、去希望，然后用这种满怀希望的心态做事，才能取得更大的成就。

少年们，优秀的人永远把现在的成就看作一个新的起点，现在的成功只是万里长征中的第一步；而普通人取得一点成就，就扬扬得意，满足于现状。所以，优秀者一步一步从优秀走向卓越，而普通人故步自封，往往坐吃山空。

# 参考文献

[1]信实.加油，别放弃 [M].张彤，译.北京：北京科学技术出版社，2018.

[2]怀左同学.你越强大，世界越公平[M].北京：化学出版社，2019.

[3]刘逸新.阳光心态 [M].2版.北京：中国纺织出版社，2016.

[4]柴一兵.孩子的优秀是训练出来的[M].北京：北京工业大学出版社，2015.